城市社区更新

——以参与式规划促进社区治理

匡晓明 著

同济大学 出版社
TONGJI UNIVERSITY PRESS
·上海·

内 容 简 介

城市是不断新陈代谢的有机生命体,社区更新的意义不仅是物理空间的焕新,更在于其背后的社区共同治理。社区更新规划是促进社区可持续发展的重要契机和抓手,其目的在于通过人居环境的改善,使社区居民具有更高的幸福感和凝聚力,而参与式规划的提出,正是要通过社区更新规划这一行为,促进社区公共事务的共同治理,改变陌生人的社会倾向,从而激活社区的共治与自治,使之真正成为具有社区共同体意义的幸福家园。

本书结合作者深耕城市更新与社区规划的实践积累,梳理和反思城市社区更新与社区治理的理论脉络,在总结国内外典型社区更新和参与式规划的实践经验基础上,深度解析城市社区在物理空间更新和社区治理两个方面的问题与难点,探析参与式社区更新规划与可持续社区治理的耦合作用机制,从治理模式、参与程序、技术方法和运维机制等方面提出适应我国新时期城市社区参与式更新规划的路径,并以近年来作者团队重点参与的三个典型实践项目作为案例进行系统阐述,为探索共治自治的城市更新提供有益参考。

本书可供城市更新规划、城市研究和社区工作等领域的专业人员阅读参考,也可作为城乡规划、建筑学、社会学以及公共管理学等相关专业的教学辅助材料。

本书除注明"资料来源"以外的图、表,均为作者自绘。

资助:国家自然科学基金面上项目"创新社会治理格局下城市老旧社区更新的机制、模式与规划技术研究——以上海为例"(51878455)

图书在版编目(CIP)数据

城市社区更新:以参与式规划促进社区治理 / 匡晓明著. --上海:同济大学出版社,2024.10. -- ISBN 978-7-5765-1190-1

Ⅰ. TU984.12

中国国家版本馆 CIP 数据核字第 2024BT5212 号

城市社区更新:以参与式规划促进社区治理

匡晓明　著

责任编辑　孙　彬　　**责任校对**　徐春莲　　**封面设计**　张　微　陈　君

出版发行	同济大学出版社　　　www. tongjipress. com. cn	
	(地址:上海市四平路 1239 号　邮编:200092　电话:021-65985622)	
经　　销	全国各地新华书店	
排　　版	南京文脉图文设计制作有限公司	
印　　刷	上海丽佳制版印刷有限公司	
开　　本	787mm×1092mm　1/16	
印　　张	13.75	
字　　数	301 000	
版　　次	2024 年 10 月第 1 版	
印　　次	2024 年 10 月第 1 次印刷	
书　　号	ISBN 978-7-5765-1190-1	

定　　价　98.00 元

序

　　住区的区划单元，远如我国唐朝长安城出于管制之需实行的"坊里制"，近如近现代西方学者提出的"邻里单位"之说等。之后，随而出现了诸如"小区"和"社区"等住区地域组构单位的称谓。其中，作为社会地域存在的"社区"概念则更强调人群聚居的关联性及突显人的主体性。

　　早在 20 世纪 50 年代初，国内大学进行了院系调整，同济大学成立了建筑系并开设了城市规划专业，是最早建立该专业的院校之一。当年筹建城市规划专业的前辈学者金经昌先生等人秉持人性空间的理念，在专业教学中尤为重视住区规划与建设等内容。

　　值得记述的是 1957 年，在东德学者来同济讲学之际，金先生等人与之一起，会同上海城市规划部门，以有别于彼时盛行的苏式大街坊规划的模式，进行了上海市大连西路居住小区规划的试点研究。该居住小区是国内较早被冠名"小区"的先例之一。

　　近半个世纪来，随着人居科学的发展，社区规划更为关注人与环境共生共融的"生境"状态。近些年，社区规划中既有基于社区生活圈的公共服务设施配置，又有为老年人配设无障碍设施等适老性改造，较为广泛、深入地维护和激发了居民的自主性，体现了以人为中心的宗旨。此外，社区规划中对老旧社区更新的关注也越来越多。

　　本专著作者匡晓明老师早在 30 多年前研究生入学时，便与笔者结下了师生之缘，其在学习过程中，展现出了不凡的悟性和潜能。之后他留校任教，几十年来，他秉承同济前辈求新求实、知而践行的治学传统，勤勉不暇，潜心求索，在城市规划、城市设计和建筑设计等诸多领域，广采博取，融会贯通。在从事教学工作的同时，他还兼有上海同济城市规划设计研究院有限公司的职务，主持及参与了大量规划设计业务，得以产学研融合互济，积累了厚实的学养和丰富的经验。鉴于其知名的业绩，他在上海、成都等多个城市被委以专业兼职的重任。

　　与此同时，近十多年来，他还倾力于社区更新的理论研究和社区更新规划的制度性探索，多年来不遗余力地带领团队，在上海、北京等地深入 30 多个社区，进行了以参与式规划为导向的社区更新实地探究，在社区物理性更新的基础上,探索社区的自治与共治,进而取得了开创性的成果。这些亲历所得为其专著的理论归结提供了实践案例的佐证,使之具有可信性和创新价值。

匡老师敬业勤奋,学养积累丰实,思维深邃理性,在未来的教学和实践中,期待他在城市更新、城市设计以及空间规划等诸多领域有更多创新性的研究成果和实践作品推出。

朱锡金

2024 年 7 月

前　言

城市性滞后于工业性

改革开放 40 多年来,我国经济与城镇化高速发展。2023 年,我国人均国内生产总值(GDP)近 9 万元,同年,我国常住人口城镇化率已达到 66.16%,广东、江苏、浙江、辽宁、北京、上海和天津等省市的常住人口城镇化率均超过 70%,进入高度城镇化阶段。在城市经济、人口和空间规模高速增长的同时,逐渐浮现出城市文化和生活方式的进化速度远滞后于工业化的速度,即"城市性"不足的问题。

城市性(Urbanity)是一个城市化(Urbanized)的区域所具有的区别于乡村的独特空间形态特征和社会生活秩序。城市性既是城市的客观属性,又体现了城市的独特性,也可以说是实现刘易斯·芒福德(Lewis Mumford)所说的"人们来到城市是为了生活得更好"这一初衷的关键所在。

初期的城市化(Urbanization)作为一种农民市民化,不能直接产生城市性。近 40 年来以规模和速度为表征的城市化,是政府主导下以经济增长和城市经营为归依的追赶型城市发展模式,其核心是土地的城镇化、空间的城镇化,这是工业性的成熟,而非真正意义上的人的城镇化。在这一阶段中,城市更多地是作为经济发展的空间载体和资源聚集平台。然而,正如芝加哥学派代表之一罗伯特·帕克(Robert Park)所说:"城市绝非简单的物质现象,绝非简单的人工构筑物。城市已同其居民们的各种重要活动密切地联系在一起,它是人类属性的产物。"[①]因此,城市性不仅包含了由于城市要素(人口、经济)在空间上的高度聚集而呈现出的集聚性、流动性、密度性等"基础城市性",还应包含在高度社会化生活方式的影响下社会秩序、文化活力等向度的"高级城市性",即时尚性、创新性和人文性。深层意义的城市性是在高品质物质空间基础之上建构以人为本的良性城市文化和

---

① 帕克,伯吉斯,麦肯齐. 城市社会学[M]. 宋俊岭,吴建华,王登斌,译. 北京:华夏出版社,1987.

社会秩序。

城市性的核心是人,因此可以把城市性理解为一种生活方式。在以存量提升为主的新型城镇化发展阶段,城市发展更需要基于生活在城市中的个体——人的视角,在空间与人交互作用中呈现出城市生活的多元性和复杂性。一个地区是否具有城市性,不仅影响到每个市民的归属感和幸福感,更成为决定一个地区能否真正吸引人、留住人和培育下一代健康快乐成长的重要影响因素,是当代城市的核心竞争力之一。

城市美化与陌生人社会

城市美化的实践最早可以追溯到文艺复兴时期的欧洲城市,19 世纪中叶法国奥斯曼(Georges-Eugene Haussmann)的巴黎改造是最为著名的城市美化运动之一,影响了柏林、巴塞罗那等许多欧美城市。普遍意义上的"城市美化运动"(City Beautiful Movement)主要指 19 世纪末 20 世纪初欧美大量城市针对日益加速的郊区化倾向,为恢复城市中心区良好的环境和吸引力而进行的景观改造活动。20 世纪 90 年代以来,我国也经历了以改善城市形象为特征的城市美化活动。

城市美化将视觉美学塑造和物质环境改善作为首要追求,较少地考虑更为广泛的经济、社会和文化目标。城市美化运动的实际效果恰恰证明了"物质环境决定论"的谬误所在。事实上,仅仅依靠物质环境的更新和美化无法重新赋予城市旺盛的生命力,物质环境的塑造必须基于日常性和人性化的城市空间与城市生活的重构,才能实现社会、经济和文化等多元价值目标。

与前工业社会不同的是,在城镇化快速推进过程中出现的基于商品经济的发展、人口流动的加快以及商品化住宅所形成的社区形态,使得陌生人社会正在取代熟人社会成为社会形态的主流。传统社区中以地域、血缘和人情等为纽带的社区共同体正在逐步式微,社区中社会生活方式也产生了原子化倾向。城市社区居民原子化的个体状态、较为冷漠的邻里关系以及薄弱的社区公共事务参与意识,使得自上而下的以物质空间环境改善和以美化为导向的传统社区更新方式仅能产生短暂的获得感,难以形成社区的社会构建和治理,其间通过居民共同的集体行动形成的更新结果最终难免流于空间的形式,陷入城市美化运动的窠臼。

从有机更新到社会治理

近年来,基于政企合作以拆除重建为手段的大规模居住区改造、城中村改造、老旧工业区改造已经普遍受到诟病。虽然这样的改造使城市空间在职能结构和居住环境质量等方面有了较大提升，但正如《北京宪章》所说，"20 世纪是一个'大发展'与'大破坏'并存的时代"。这些"建设性破坏"进一步导致社区结构与地方认同感解体、城市文化与特色风貌被破坏，以及注重物质空间而漠视人文关怀等社会问题。

有机更新理念认为城市发展如同生物有机体的生长过程，主张基于城市内在发展规律，顺应城市的肌理，综合考虑社会、经济和文化效益，采用小规模渐进式的更新方式。有机更新强调对原有文脉肌理的延续和对原有空间的尊重，倡导对不适应现状和不能发挥本职功能的空间实体和设施进行更新，总体而言，仍以物质环境改善为核心。

当前，我国城市更新面临的已经不再是房屋破旧、住宅紧张等物质性表象问题，对社区更新的关注已逐渐开始超越单纯的物质环境改善范畴，转向"见物"又"见人"，探讨以多元主体共治、自治为特征的社区治理。社区更新应该是多元利益主体以空间为平台，以公共事务为载体进行的空间与社会再融合的过程。

城市社区是政府和市场治理最容易"失灵"的领域。20 世纪 90 年代以来，治理（Governance）理论在政策、行政和社会管理改革中得到广泛应用，社区治理也逐渐成为弥补政府和市场在社区中失灵的重要机制。社区作为社会治理的最基层空间载体和治理单元，在社会关系重构、社会结构转型以及社会交往方式转变等方面发挥着重要的作用。而社区治理体系和治理能力亦对城市社会治理现代化起着基础性作用。

根据联合国全球治理委员会的定义，治理的内涵包括联合行动、调和利益、共同发展和持续过程四个关键。近十年来，我国社区治理模式不断推陈出新，尽管当前我国开展的社区治理仍存在社区治理多元主体互动合作成效不显著、效率低下和责任模糊等问题[①]，但多元主体协同治理已经成为社区治理转型的基本共识之一。未来需要在社区治理结构创新、多元主体权力关系重构以及社区组织培育等多方面进行跨学科探索。在这个过程中，参与式社区更新规划将成为推动社区治理和实现社区可持续发展的有效手段。

实现人民美好生活向往

新时代我国社会主要矛盾已经从"人民日益增长的物质文化需要同落

---

① 韦仁忠，张作程. 新时代城市社区治理的现实境遇和实践向度——基于协同共治的视角[J]. 领导科学论坛，2022(1)：31-37.

后的社会生产之间的矛盾"转变为"人民日益增长的美好生活需要和不平衡不充分的发展之间的矛盾"。与"物质文化需要"相比,"美好生活需要"的内容呈现多样化、多层次和多方面的特征。"美好生活"不再仅仅局限于物质需要,还包括安全、交往、尊严和自我实现等更高层次的需要。既有的"物质需要"呈现升级态势,人们期盼有更可靠的社会保障、更舒适的居住条件、更优美的生活环境和更丰富的文化与社会生活。在物质需要基础上所提出的"精神需要"表现为人民对民主、法治、公平、正义和社会生活等方面的综合诉求。总而言之,"美好生活"是包含经济生活、政治生活、社会生活、文化生活和精神生活等多要素在内的一个有机整体,只有各生活要素相互促进、共同发展,这个有机体才能实现良好运转。人民既是"美好生活"的创造者,也是"美好生活"的享有者。

社区作为生活共同体和社会基本细胞,无疑成为新时期实现人民美好生活向往愿景的基础承载地。我国快速城镇化阶段,在市场机制的作用下,城市发展实现了效率和利益的最大化,也出现了城市公共物品与城市发展利益空间分配不均等问题。城市居住空间日益分异,新建的商品房社区一般拥有较高的空间品质和设施配置,而老旧社区普遍面临住房老旧、设施缺乏和空间品质低等多种问题,成为城市的"顽疾"。老旧社区居民多为缺乏改善居住条件能力的低收入阶层和老年人群,在空间生产与消费过程中处于弱势地位。在城市发展利益分配上的失衡,意味着老旧社区的居民不仅与优质物质空间资源无缘,更面临着社会资源、社会地位以及发展机会的多重丧失。新常态背景下,城市建设从以土地增量扩张为主转变为当下以存量空间有机更新为主。老旧社区更新被赋予了提升居民生活环境质量、缓解城市发展不平衡及不充分问题的重要使命,同时也承载着人民群众对美好生活向往的愿景。一方面,应通过物质空间更新提升人居环境品质,满足人民美好生活物质层面需要;另一方面,应准确地把握"人民城市"的人本价值,通过"人民参与"和"人民共建"过程,提升居民获得感、幸福感和归属感,满足人民美好生活精神层面需要,实现城市的高质量发展、高品质生活和高效能治理。

空间正义视角下的共同缔造

空间正义的核心是在兼顾效率的基础上突出公平,即在城乡区域发展中,追求资源分配效率的基础上照顾不同群体的利益,创造人人可享的基本保障和公共服务,提供均等自由的生存与发展机会。城市发展的本质是各种形式的空间生产(规模扩张)与再生产(改造更新),是空间资源的生产与分配。新马克思主义城市理论认为,空间具备一定的生产逻辑,资本与权力以各自的方式渗透及主导空间生产过程,并在此过程中进行博弈。而城市弱势阶层由于缺乏自下而上反映自身诉求的机制与途径,无法参与到空间生产的利益分配过程中,被迫在城市化的过程中进一步失去微观个体的空间权利。因此,社区更新作为社区空间的"再生产"过程,应将追求空间正义作为更新的目标之一。

由于老旧社区存量空间难以进行大刀阔斧式的调整,因此追求更新结果的绝对正义是不现实的,社区更新应更多地关注公共空间再生产的程序正义,即通过居民广泛、平等地参与实现更新方案形成机制的公正。因此,社区更新规划在城市存量发展时代不应只是基于公权力的设计控制,即政府管理部门自上而下地对社区环境进行整治改造和对公共设施进行修缮提升,而应是以社区更新规划设计为纽带,由政府、专家、社会资本和居民多元主体共同进行设计治理。设计治理突破了政府作为单一设计管理主体的局限性,强调规划设计的多主体决策和合作过程等行动关系的体系构建,其实质是以规划设计为手段,通过社区规划师的协调,在建成环境设计领域中对空间利益进行再分配。设计治理落实到社区规划行动中,主要体现为参与式规划和持续性治理两大重要抓手。

首先是参与式规划,其核心是制订贯穿规划全周期的协同参与保障机制和设计具体参与步骤。其中,通过规划师将专业图文转译成非专业的居民可解读的内容是凝聚共识和达成有效参与的关键。根据行动者网络理论(Actor-Network Theory),重点在于分辨出五个转译过程的关键:问题界定、利益赋予、征召、动员和异议。参与式规划正是通过转译这一过程,与居民共享了社区空间共同谋划的权利,从而改变了居民在社区公共事务中的被动状态,提升居民的责任感,进而使其拥有了认同感、归属感和获得感。

其次是持续性治理,即构建以持续性为导向的共同治理运行机制。参与式规划的目的不仅仅在于在设计与实施中达成建设共识,更重要的是在同心协力付诸实施的过程中建立和激发可持续活力的内在动因。因此,参与式规划及其规划师团队在社区更新规划中成为群体公共利益的协调者,起到共识和完成转译的纽带作用,将政府、企业和居民融合成为有机的社会网络,协调物质空间与社会空间的融合发展,实现具有长效动力机制的共同缔造,最终实现谋划众筹、投资立项、实施建设、运营管理、认同感提升和社会发展的共同治理闭环。

参与式规划是规划回归到"人的城市"的重要手段,其核心目标是满足居民的幸福感。近年来,以"共同缔造"理念为引领的社区生活圈规划、社区更新规划以及社区微更新规划等名称各异的社区规划,通过将物质空间建设、社会建设以及市民的获得感完全融合,把自上而下的要求和自下而上的需要结合,让市民在参与中获得认同感与归属感,真正践行了"人民城市人民建,人民城市为人民"的理念。

社区更新规划的实践思考

十年来,笔者团队参与了上海、北京等地 30 余个老旧社区更新实施方案的编制并指导其具体实施建设,对社区规划与社区治理的耦合机制进行了持续性探索,认为社区更新规划将成为参与社会治理的有效公共政策和推进社会治理的有效实施路径。

2015 年,上海市静安区(原闸北区)启动"美丽家园"更新建设,时任彭浦镇人民政府副镇长的姜鹤是同济大学规划专业出身,他认为以往的社区更新一直被认为是工程项目,比如"平改坡"工程,政府更像是"包揽者",而这种政府大包大揽的更新方式会产生很多问题,因此邀请笔者团队以社区规划理念推进彭浦镇的"美丽家园"建设工作,并尝试将"公众参与"引入规划。最初阶段的公众参与是很慎重的,我们依托社区基层治理中既有的"三会一代理"①自治平台和"1+5+X"②自治模式建立了参与式规划的工作机制,早期的参与者多是社区干部和楼组长,属于有限的参与。待模式成熟后,我们逐步尝试邀请社区积极分子和居民代表参与,在这个过程中我们发现,很多老百姓参与社区公共事务的能力有限,社区也缺少凝聚力,于是我们举办了社区书画大赛等活动来促进居民的参与。通过这些行动,我们欣喜地发现,居民的参与意识和参与能力不断提高,规划师也收获了居民的信任和支持。老闸北"美丽家园"更新建设成为上海社区规划师制度有价值的早期尝试。

2018 年 1 月,上海市杨浦区区政府与同济大学签订协议,聘请 12 位来自规划、景观和建筑专业的教师作为杨浦区社区规划师,分别对接辖域内 12 个街镇。笔者受聘为江浦路街道社区规划师,从之前依托具体项目为主的被动型工作方式,转变为社区规划师主动介入的工作方式,我们构建了"1+1+X"社区更新规划工作框架进行江浦路街道整体社区更新研究。其中"1"个机制,即探索社区规划与社区治理的耦合作用关系,从而完善社区规划师的工作机制;"1"项研究,即以完整的江浦路街道辖区范围为研究对象,开展整体性、系统化的社区更新规划研究,包括空间问题和社会问题;"X",即在街道整体规划蓝图下分解成的若干具体更新项目,既包括老旧社区微更新、街道空间微更新和公共空间微更新等物质空间更新项目,又包

---

① "三会一代理"指决策听证会、矛盾协调会、政务评议会和群众事务代理。
② "1":社区党总支书记;"5":社区民警、居委会主任、业委会主任、物业公司负责人、群众团队和社会单位负责人;"X":驻区单位负责人、楼组长、党员志愿者等。

括在更新过程中由街道、居委和社区规划师等多元主体共同发起和组织的具体活动事件。在社区规划师任职期间,团队主持完成了五环居民区"一脉三园"等住区更新项目、打虎山路微更新等街道公共空间微更新项目以及睦邻花园、美丽楼道等居民房前屋后公共、半公共空间微更新项目,持续探索不同类型尺度和治理水平下的社区参与式更新规划路径。

2020 年,笔者团队受聘为北京市通州城市副中心 04 组团的责任规划师团队,兼任"规划统筹"与"社区协动"的双重角色,工作内容包括宣讲规划理念、对接基层诉求、联结多元主体、促进居民参与和推动社区营造等多方面。通过发挥引导规划落地的专业能力以及调动公众参与的纽带作用,打通规划落地"最后一公里",助力基层治理及城市更新。如在后南仓社区改造时,我们组织开展了参与式设计坊,以责任规划师为纽带,团结各方力量构建社区共同体,探索了共建共享幸福家园的模式。

随着社区更新实践工作的不断推进,参与式规划的模式也不断迭代,如 2022 年,上海市杨浦区规划资源局、江浦路街道、社区规划师和社区居民共同打造"一脉三园"2.0 版本,将党建引领与社区规划实践相结合。

在上海社区更新工作方兴未艾之际,本书结合笔者深耕城市更新与社区规划的理论探索和实践积累,系统阐述社区更新和社区规划的理论体系,总结国内外典型社区参与式更新规划的实践经验,深度辨析城市社区在物质空间更新与创新社会治理方面的难点与瓶颈,探索参与式老旧社区更新规划与可持续社会治理的耦合作用机制,从治理模式、参与程序、技术方法和运维机制等方面提出新时期城市社区参与式更新规划的方法,并对近年来本团队重点参与的三个具有典型特色的实践案例进行系统阐释,希望为探索共治自治的城市社区更新提供有益参考。

目　录

序 ……………………………………………………………………………… Ⅰ

前言 ……………………………………………………………………………… Ⅲ

第一章　社区更新概论 ……………………………………………………… 001

1.1　社区的概念与类型 …………………………………………………… 002

1.2　城市社区更新的历程回顾 …………………………………………… 010

1.3　当前我国社区更新的特征与问题 …………………………………… 021

1.4　我国社区更新的趋势：社区治理 …………………………………… 025

第二章　社区治理与参与式规划 ………………………………………… 027

2.1　社区治理 ……………………………………………………………… 028

2.2　社区更新规划 ………………………………………………………… 033

2.3　参与式规划理论的演进 ……………………………………………… 034

第三章　参与式社区更新的相关理论与经验 …………………………… 045

3.1　相关理论分析与借鉴 ………………………………………………… 046

3.2　社区规划师制度的发展经验 ………………………………………… 064

3.3　参与式社区更新的国内外相关实践 ………………………………… 074

第四章　参与式社区更新规划方法探索 ………………………………… 091

4.1　参与式社区更新规划的定义与内涵 ………………………………… 092

4.2　治理模式：从行政主导转向合作互动 ……………………………… 092

4.3　参与程序：从咨询表决转向全程参与 ……………………………… 100

4.4　技术方法：从改造提升转向综合治理 ……………………………… 111

4.5　运维机制：从单一封闭转向多元开放 ……………………………… 129

第五章 案例一：上海静安区永和二村美丽家园社区更新规划
················· 135

5.1 项目背景 ······················· 136
5.2 问题界定与规划理念 ··················· 137
5.3 参与式社区更新规划治理模式 ··············· 140
5.4 全过程参与式社区更新规划 ················ 142
5.5 更新规划空间方案 ···················· 147
5.6 参与式社区更新成效 ··················· 151

第六章 案例二：上海沪太支路615弄街巷更新规划 ········· 154

6.1 项目背景 ······················· 155
6.2 问题界定与规划理念 ··················· 157
6.3 参与式街巷更新规划治理模式 ··············· 160
6.4 全过程参与式街巷更新规划 ················ 162
6.5 更新规划空间方案 ···················· 173
6.6 参与式街巷更新成效 ··················· 181

第七章 案例三：北京通州后南仓小区社区更新规划 ········· 183

7.1 项目背景 ······················· 184
7.2 问题界定与行动计划 ··················· 184
7.3 参与式设计工作坊 ···················· 187
7.4 更新规划空间方案 ···················· 190
7.5 参与式更新规划成效 ··················· 193

第八章 城市社区更新规划的思考与展望 ·············· 195

8.1 城市社区更新规划的思考 ················· 196
8.2 城市社区更新规划的展望 ················· 199

后记 ···························· 202

第一章

社区更新概论

1.1 社区的概念与类型

1.1.1 社区的概念

1. 概念起源

"社区"(Community 或 Gemeinschaft)一词源于拉丁语,意思是共同的东西和亲密的伙伴关系,是西方社会学、政治学和人类学等许多学科常用的术语,尤其是在社会学领域。如若溯源,英国法律史学家亨利·詹姆斯·萨姆奈·梅因(Henry James Sumner Maine)在《东西方村落共同体》(*Village-Communities in the East and West*)一书中首先使用的"Village-Communities"一词,描述了"村落共同体"概念,可认为是最早提出的社区内涵。1887 年,德国著名社会学家费迪南·滕尼斯(Ferdinand Tonnies)在其专著《社区与社会》(*Gemeinschaft und Gesellschaft*)一书中首次提出了社区共同体的概念——"指具有相同价值取向的同质人口所组成的彼此关系密切、相互帮扶、守望互助、富有人情味的社会关系和社会团体",这是目前学界公认的最具影响力的社区概念①。

2. 国外学者的代表性定义

1917 年,英国社会学家罗伯特·莫里森·麦基文(Robert Morrison Maciver)出版了《社区:一种社会学研究》(*Community: A Sociological Study*)一书,指出"社区指任何共同生活的区域:村庄、城镇或地区、国家,甚至更广大的区域"②。

1921 年,芝加哥学派的代表人物帕克赋予了社区地域性含义,将社区视为"社会团体中个人与社会制度的地理分布"。他认为社区的基本特征可以概括为三点:①按区域组织起来的人口;②人口不同程度地与他们赖以生存的土地有着密切的联系;③生活在社区中的每一个人都处于一种相互依赖的互动关系中。此后,随着社会的变迁和社会学学科的发展,社区研究引起普遍关注,社区的内涵也愈发丰富。

1955 年,美国社会学家乔治·希勒里(George Hillery)在《农村社会

---

① 滕尼斯. 共同体与社会[M]. 林荣远,译. 北京:商务印书馆,1999.

② MACIVER R M. Community: A Sociological Study[M]. London: Macmillan and Co. Ltd., 1917.

学》上发表了一篇影响力较大的文章《共同体定义》[1]，统计了英、德、法语学者提出的 94 种关于共同体的定义，这些定义从社会群体、地理区划、归属感以及社区参与等不同角度界定了社区，与滕尼斯提出的社区概念相比，内涵和外延都发生了较大变化，但形成了两点共识：地域性和公共联系的纽带。1981 年，华裔社会学家杨庆堃教授统计了 140 种关于社区的定义，指出绝大多数社区定义中都包括地域、社会互动和共同联系三个要素[2]。

　　整体来看，地域性、社会互动和公共联系是社区的三个基本特征。联合国 1955 年发布的《经由社区发展促进社会进步的报告》提出的十项原则基本上也是围绕着这三个基本要素论述的。侧重地域性的代表人物有帕克、麦基文以及德怀特·桑德森（Dwight Sanderson）等，如桑德森认为，"社区是地方居民与社会制度之间的结合形态……而且有一个共同活动的中心"[3]。强调社会互动的代表人物有美国学者哈罗德·考夫曼（Harold Kaufman）、杰西·斯坦纳（Jesse Steiner）等，如考夫曼认为，"社区领域并非包含大量的别的领域，而更多是只被看作当地社会中的几个互动单位中的一个单位"[4]。强调共同联系的代表人物有理查德·鲍斯顿（Richard Poston）、海伦·格林（Helen Green），如格林提出，"社区是居民生活中互相关联与互相依赖的网状结构"[5]（表 1-1）。随着学科的进一步发展，国外学者对社区一词的解读还在不断发展与丰富之中。

表 1-1　国外学者关于社区的代表性定义

视角	代表性学者	国家	提出时间	社区定义
共同体	费迪南·滕尼斯	德国	1887 年	社区是由同质人口组成的关系亲密、守望相助的小共同体
地域性	罗伯特·莫里森·麦基文	英国	1917 年	社区指任何共同生活的区域：村庄、城镇或地区、国家，甚至更广大的区域[6]

　　①　HILLERY G. Definitions of Community：Areas of Agreement[J]. Rural Sociology，1955（20）：111-123.
　　②　何肇发. 社区概论[M]. 中山：中山大学出版社，1991.
　　③　SANDERSON D，POISON R A. Rural Community Organization[J]. Social Forces，1940，18(4)：592-593.
　　④　KAUFMAN H F. Toward an Interactional Conception of Community[J]. Social Forces，1959(10)：8-17.
　　⑤　GREEN H D. Social Work Practice in Community Organization[J]. Social Service Review，1955，29(2)：214-216.
　　⑥　MACIVER R M. Community：A Sociological Study[M]. London：Macmillan and Co. Ltd.，1917.

续表

视角	代表性学者	国家	提出时间	社区定义
地域性	罗伯特·帕克	美国	1921 年	社会团体中个人与社会制度的地理分布①
	德怀特·桑德森	美国	1940 年	社区是地方居民与社会制度之间的结合形态……而且有一个共同活动的中心②
社会互动	杰西·斯坦纳	美国	1930 年	社区是"在追求相互保卫与共同福利"③
	哈罗德·考夫曼	美国	1959 年	社区领域并非包含大量的别的领域,而更多是只被看作当地社会中的几个互动单位中的一个单位④
共同联系	理查德·鲍斯顿	美国	1953 年	社区是居民具有各种的兴趣与互动的设施,以及人与人之间的相知⑤
	海伦·格林	美国	1955 年	社区是居民生活中互相关联与互相依赖的网状结构⑥

3. 社区概念引入我国

中文"社区"一词是从英文翻译过来的。20 世纪 30 年代,哥伦比亚大学社会学系博士毕业的吴文藻担任燕京大学社会学系主任,他大力提倡和推行社会学的中国化。1933 年,帕克到燕京大学讲学,在讲课中使用了"Community"概念。当时在燕京大学就读的费孝通深受吴文藻的社会学中国化观点影响。以费孝通为代表的燕京大学青年学生将"Community"一词译为"社区"⑦,旨在强

① PARK R E, BURGESS E W. Introduction to the Science of Sociology[M]. Chicago: The University of Chicago Press, 1921.

② SANDERSON D, POISON R A. Rural Community Organization[J]. Social Forces, 1940, 18(4): 592-593.

③ STEINER J F. Community Organization[M]. New York: Century Co., 1930.

④ KAUFMAN H F. Toward an Interactional Conception of Community[J]. Social Forces, 1959(10): 8-17.

⑤ POSTON R W. Democracy Is You: A Guide to Citizen Action[M]. New York: Harper Collins Publishers, 1953.

⑥ GREEN H D. Social Work Practice in Community Organization[J]. Social Service Review, 1955, 29: 2, 214-216.

⑦ 费孝通先生于 1948 年发表的《二十年来之中国社区研究》一文中曾谈及中文"社区"一词的来由:"当初,Community 这个词介绍到中国来的时候,那时的译法是'地方社会',而不是'社区'。当我们翻译滕尼斯的 Community 和 Society 两个不同概念时,感到 Community 不是 Society,成了互相矛盾的不解之辞,因此,我们感到'地方社会'一词的不恰当,那时,我还在燕京大学读书,大家谈如何找一个确切的概念。偶然间,我就想到了'社区'这么两个字样,最后大家援用了,慢慢流行。这就是'社区'一词的来由。"

调这种社会共同体是存在于一定的地域范围之内的。最早的论述出现在费孝通的著述中,能够查到他最早使用"社区"概念是 1933 年 11 月 15 日写的《社会变迁研究中都市和乡村》一文,在这篇文章中他写道:"都市社区是许多小社区的组合体。这许多小区域自成一格,各具特性,实可以说是有其特别生活形式的群体,这些群体的形成是出于两种势力:一是移民旧有生活形式的持续,一是都市经济分工的隔离。"[①]

4. 社区与住区、居住区概念辨析

随着我国城乡规划学科的发展,规划学界也尝试厘清社区的概念,与社区一词同时提及的概念是"住区"或"居住区"。

"住区"一词最早出现于日本,在 20 世纪 70 年代末由同济大学朱锡金教授引入我国,是指人类生活的聚居地。广义来说,"人类住区"泛指城市、乡村以及维持人类一切生存活动所需要的物质或非物质的一切与之相关的社会整体,大到人类赖以生存的地球,小到一个社区或建筑。世界人居报告和世界人居大会的议题中和人类住区相关的活动包括住房供应、社会保障、配套设施、环境治理和城市管制等与人类居住有关的一切经济、社会和环境活动。狭义来说,"城市住区"指城市中一定地域范围内,具有一定规模(包括用地规模和人口规模)的居民在居住生活过程中形成的特定物质空间环境设施及社会文化。

"居住区"一词由俄文直译而来,可以追溯到 20 世纪 50 年代从欧美传入苏联的邻里单元的规划思想。居住区更广泛地应用于当前我国城市规划语境中,并分为居住区和居住小区两个层次,如在 GB 50180—93《城市居住区规划设计规范》(2002 年版)中对居住区的定义:泛指不同居住人口规模的居住生活聚居地和特指城市干道或自然分界线所围合,并与居住人口规模(30 000～50 000 人)相对应,配建有一套较完善的、能满足该区居民物质与文化生活所需的公共服务设施的居住生活聚居地。

住区和居住区都强调了地理界限和区域概念及其承载的功能和活动,指以居住为目的的城市空间。住区与居住区的主要差异体现在居住区在城市规划中是一个法定的、用地功能相对单一并具有一定人口规模的概念,而住区并不强调人口规模的等级化以及用地功能的单一性,而指以一定边界分割、具有明确空间范围的居住地域。

虽然社区与(居)住区的含义相近,但却有区别。社区是系统论影响下的表述,强调各系统之间的耦合关系,指以人为基本单元的、内部相互耦合的空间系统单元;而(居)住区偏重对空间的表述。社区可以涵盖所有地域空间构成的社区系统,如乡村、聚落空间等;(居)住区的空间类型涵盖较为

---

①　费孝通. 费孝通全集[M]. 呼和浩特:内蒙古人民出版社,2009.

狭窄,表示城镇中的居住组团空间。最重要的是,社区不仅涉及居住物质功能和精神功能,还涉及居民公共参与、城市规划公平原则以及社会隔离等诸多社会人文关系;(居)住区则一般着眼于居住生活的功能要求,其他社会功能是围绕居住功能展开的。

5. 社区概念界定

《社会科学新辞典》中将社区定义为"一种功能相互联系在一起的人类群体。他们在某一特定时期生活于某一特定地区,处于相同的社会结构中,具有基本一致的文化传统和价值观念,共同感觉到自己是一个具有相对独立性和一定自治性的社会实体"。《中国大百科全书》中对社区的定义为"通常指以一定地理区域为基础的社会群体"。《社区生活圈规划技术指南》(TD/T 1062—2021),将社区定义为"聚居在一定地域范围内的人们所组成的社会生活共同体,是社会治理的基本单元"。2000 年,民政部在《关于在全国推进城市社区建设的意见》中指出,社区是指聚居在一定地域范围内的人们所组成的社会生活共同体。

尽管对"社区"的定义各不相同,但基本都包括了地域、居民、文化、设施、公共联系以及社会互动等构成要素,认为"社区"既是空间地域概念,又是人群聚集的社会群体概念,同时也是社会治理的作用对象和基本单元。

1.1.2　社区的类型

社区类型,通常是指一定分类标准下社区所凸显的社会属性[1]。由于社区内涵的丰富性和标准的复杂性,尚未建立起一个统一的共识标准,诸多学者从不同维度尝试对其类型进行划分(表 1-2)。本书试从地域、功能和建设年代三个维度对社区的类型进行区分。

表 1-2　国内外学者对于社区的分类

代表性学者	社区分类
滕尼斯[2]	地区社区、精神社区、亲属社区
杰拉尔德·沙托斯[3]、威廉·弗拉纳根[4]等	依据社区规模及居民的认同度,把社区类型划分为面对面的街区、受保护的邻里社区、有限责任的社区及其扩大社区

①　丁元竹. 社区的基本理论与方法[M]. 北京:北京师范大学出版社,2009.
②　滕尼斯. 共同体与社会[M]. 北京:商务印书馆,1999.
③　SUTTLES G D. The Social Order of the Slum: Ethnicity and Territory in the Inner City [M]. Chicago: University of Chicago Press, 1968.
④　FLANAGAN W. Contemporary Urban Sociology[M]. Cambridge: Cambridge University Press, 1993.

续表

代表性学者	社区分类
奥利弗·威廉斯、查尔斯·阿德里安①	根据社区居民对社区政府在地方事务中应起作用的不同看法与选择，将社区划分为四种类型：扩张型（Promotion）社区、舒适型（Amenities）社区、看守型（Caretaker）社区和仲裁型（Arbiter）社区
吴缚龙②	根据社区属性将中国的城市社区分为传统式街坊社区、单一式单位社区、混合式综合社区和演替式边缘社区四种类型
朱健刚③、卢汉龙④等	根据社区建成时间划分为改造社区、旧宅保留社区、近建社区和新建社区四种类型
张鸿雁⑤	改造社区、旧宅保留社区、近建社区、新建社区、新型房地产物业管理型社区、"自生"社区或移民社区
王胜本等⑥	传统街坊式、单一单位式、综合混合式、城市扩建式和新型物业式社区

1. 按地域划分

按照城乡地域因素差异，社区可大致分为城市社区和乡村社区（表1-3）。

表1-3　城市社区与乡村社区的差异

范畴	城市社区	乡村社区
人口密度	相对高	相对低
社区规模	较大	较小
人口构成	相对复杂	相对简单
职业	多样化的非农职业	单一的农业
工作与家庭	较远	较近
构成阶层	较多	较少
稳定性	不稳定	稳定
社会流动性	较高	较低
生活水平	较高	较低

---

① 博克斯.公民治理：引领21世纪的美国社区[M].孙柏瑛，等，译.北京：中国人民大学出版社，2013：32-34.
② 吴缚龙.中国城市社区的类型及其性质[J].城市问题，1992(5)：24-27.
③ 朱建刚.城市社区：在实践中的反思[J].北京社会科学，1999(增刊)：50-53.
④ 卢汉龙.单位与社区：中国城市社会生活的组织重建[J].社会科学，1999(2)：52-57.
⑤ 张鸿雁.论当代中国城市社区分异与变迁的现状及发展趋势[J].规划师，2002(8)：6-7.
⑥ 王胜本，张涛.社区发育视域下的城市治理问题研究[J].河北工程大学学报（社会科学版），2012(3)：11.

续表

范畴	城市社区	乡村社区
社会团体	较多	较少
教育机会	较多	较少
社会心理	相对自由	相对保守
社会病态	较多	较少
社会制约	法律	民俗

资料来源:原珂.中国特大城市社区冲突与治理研究[D].天津:南开大学,2018.

城市社区指以第二、三产业为基础,人口规模大且分布集中,社会结构相对复合的社区。2003年,赵民在《社区发展规划——理论与实践》中定义城市社区:"城市社区是指聚居在某一特定区域、具有共同的利益诉求、居民之间相互帮助,并配有相应服务体系的社区群体,是城市中的一个人文空间复合单元。"[①]本书对城市社区的定义也采用这一释义。

乡村社区是指一定乡村地域中具有相对稳定和完整结构、功能、动态演化特征以及一定认同感的社会空间,是乡村社会的基本构成单元和空间缩影,也就是滕尼斯所说的有着密切交往的、相互熟悉,甚至是有血缘关系、共同参加劳动的乡村共同体。

本书研究聚焦于城市社区,因此后文"社区"特指城市社区。与乡村社区相比,城市社区中邻里之间熟人关系较为淡化,多数不具备滕尼斯所说的社会生活共同体的特征。因此,需要挖掘原有熟人社会的治理方式,通过提升人们之间的信任程度,在城市社区内培养类似于乡村社区的一种守望相助、邻里和谐的共同体。

2. 按功能划分

按承载的功能划分,城市社区可分为居住社区、商业社区以及工业社区等类型。居住社区是城市中具有相似文化特征和生活方式的一定规模的人口,在特定区域聚居而形成的以居住功能为主的空间。商业社区主要承载城市商业贸易功能,多为城市商业中心,以办公、文化娱乐和金融服务等功能为辅。工业社区是工业企业较为集中的社区,社区居民主要为企业员工及其家属,同时具备满足社区居民需求的基础设施和公共服务设施。

3. 按建设年代划分

从社区建设的发展历程梳理,可根据建设年代将城市社区分为历史社区、老旧社区和新建社区。

---

① 赵民,赵蔚.社区发展规划——理论与实践[M].北京:中国建筑工业出版社,2003.

在我国，一般将建于中华人民共和国成立之前的社区归类为历史型社区，这些社区一般未经统一规划，如上海地区以里弄和洋房等为代表。老旧型社区一般建于 1949 年到 20 世纪 90 年代初期，一般经过统一规划，形态较为规整，以公房、职工住宅和新村等为代表。中华人民共和国成立初期，受克拉伦斯·佩里(Clarence Perry)的邻里单位和苏联等理念的影响，我国社区的布局主要采用行列式和街坊式，住宅多为南北朝向、平行布置，有利于通风和日照。该时期具有代表性的社区为上海的曹杨新村[①]。到了 20 世纪 50 年代中后期，苏联的"居住小区"规划思想被引进并应用于实践，开始采用周边式的布局，形成相对围合的院落空间。代表性居住小区有北京的和平里小区、天津的尖山居住区以及长春的第一汽车制造厂生活区等[②]。新建型社区建于 20 世纪 90 年代以后，在布局和设计手法等方面都更为自由，形成形态多样、院落围合、尺度宜人和方便实用的新型邻里空间。

1.1.3　城市居住型老旧社区

本书的重点研究对象为 1949 年后到 20 世纪 90 年代中期建造的城市居住型老旧社区，这类社区大量嵌于城市版图中，它们往往不在市政动迁范畴之内，且二次开发缺乏经济利益驱动。物质空间方面，其建造标准低，公共服务配套简单，已经难以满足当前居民的居住需求；社区治理方面，它们产权混杂，居民老龄化严重、多为低收入群体，自主更新动能不足。因此，这类老旧社区成为城市更新和社区治理的痛点和难点，目前采用的更新方式多为尽可能保留原有建筑或格局，针对现状问题，通过局部改造更新方式来改善人居环境，不涉及拆除重建。

以上海为例，目前上海市现行的居住房屋建筑类型分类标准仍沿用 1990 年上海市房产管理局颁布的《上海市房屋建筑类型分类表》(沪房〔90〕规字发第 518 号文修订)和 2003 年的沪房地资市〔2003〕141 号文《关于调整本市房屋建筑类型分类的通知》，将居住用房屋划分为公寓、花园住宅、联列住宅、职工住宅、里弄住宅(新式里弄、旧式里弄)及简屋等类型。其中，属于本书重点研究范畴的有部分里弄住宅、职工住宅和部分公寓(图 1-1)。

---

① 聂兰生,邹颖,舒平. 21 世纪中国大城市居住形态解析[M].天津:天津大学出版社,2004.
② 李欣.天津市集居型多层旧住宅发展演变和改造方式研究[D].天津:天津大学,2006.

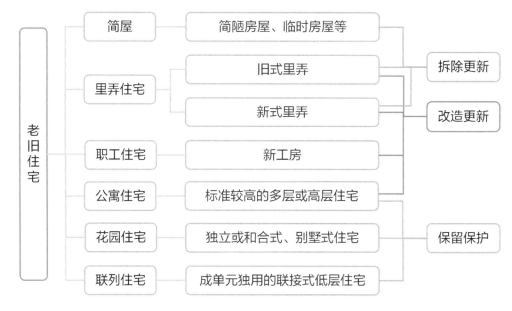

图 1-1　上海市老旧住房更新分类体系图

资料来源:作者改绘自黄涛,沈麒,刘群星.上海市居住房屋建筑分类的历史沿革及分类研究[J].住宅科技,2013,33(5):5.

1.2　城市社区更新的历程回顾

1.2.1　城市更新概述

　　城市作为人类聚居的有机体,其生长过程中的新陈代谢一直存在于城市的发展演变过程中,而城市更新作为一门社会工程学科的提出,则始于 20 世纪 50 年代的欧美发达国家。

　　狭义的城市更新特指 20 世纪 50 年代以来,为解决内城衰退问题而采取的城市发展手段,通过修复改造衰败陈旧的城市物质环境,使其符合现代功能性要求。城市更新较早且较为权威的概念界定来自 1958 年 8 月在荷兰海牙召开的第一次城市更新研讨会,会上对城市更新作了如下阐述:生活在城市中的人,对于自己的住所、周围的环境或出行、购物、娱乐及其他生活活动有各种不同的期望和不满,可以修缮改造其居住的房屋,也可以修理改造街道、公园、绿地和不良住宅区等环境。特别是针对土地利用的形态或地域、地区的改善,实施大规模都市计划事业以形成舒适的生活环境和美丽的市容等,所有这些内容的城市建设活动都是城市更新。

从广义的角度看待城市更新内涵超越了传统的物质空间领域,而将城市更新看作物质空间、社会、经济等诸方面共同作用的结果。英国学者彼得·罗伯茨在其著作《城市更新手册》(*Urban Regeneration: A Handbook*)中将城市更新定义为"用一种综合的、整体性的观念和行为来解决各种各样的城市问题;致力于在经济、社会和物种环境等各方面对处于变化中的城市地区做出长远的、持续性的改善和提高"①。

从城市更新的发展历程来看,虽然各国的政治、经济、社会和历史背景不同,所遇到的问题也各不相同,但纵观西方国家城市更新历史发展与演变历程可以发现,西方现代城市发展的基本趋势是大致相同的,基本上是沿着"大规模拆除重建—福利色彩邻里修复—市场导向旧城再开发—注重人居环境的综合复兴"的脉络在发展②。总体而言,在空间尺度上呈现了从以大规模拆除重建为主的宏观城市更新转为以渐进式改建为主的微观社区更新,在规划思想上从目标单一的形体主义规划转为目标广泛的人本主义规划。

1.2.2　社区更新概述

因承载着城市居民聚居的功能,城市社区更新一直是城市更新的重点类型。存量的城市社区既包括住房、公共空间、公共设施、绿地、道路交通设施和市政基础设施等物质空间要素,又包括在地居民、空间权属、制度、管理、组织、文化和心理等诸多非物质空间要素。早期的社区更新多采用"大拆大建"方式,无论是西方早期的贫民窟拆除,还是我国 20 世纪 80 年代至 90 年代大规模拆除重建式住房更新,都引发了不同程度的社会争议。当前在我国城市建设更加注重内涵发展和空间环境品质提升的背景下,社区更新一方面应关注不同利益主体间的复杂利益关系,促进更新共识的形成;另一方面,在完善物质空间的同时,也要关注物质空间所承载的非物质要素的提升。

目前,国内学界对社区更新的定义尚未形成共识,本书将社区更新定义为:为了应对社区的物质性老化、功能性衰退和结构性衰退等各类社区衰退问题,以社区人居环境改善、人本需求满足、社区经济复兴以及地方文化保护为目标,通过多方沟通协作,对社区的物质空间和非物质要素进行改善,从而实现社区的多元复兴,创造环境舒适、邻里和谐、充满活力以及

---

① 罗伯茨,塞克斯. 城市更新手册[M].北京:中国建筑工业出版社,2009.
② 董玛力,陈田,王丽艳. 西方城市更新发展历程和政策演变[J]. 人文地理,2009,24(5):42-46.

居民有归属感的社区共生体,这个过程即为社区更新。

1.2.3　西方国家社区更新的历程

与西方国家城市更新的总体历程相对应,西方社区更新大致经历了"清除贫民窟—社区邻里修复—社区综合复兴"三个代表性阶段。更新目标从单纯物质环境改善到注重人文关怀和邻里活力恢复,再转为实现社区物质、经济、社会和自然环境的综合可持续改善;更新方式从大规模"以旧换新"式拆除重建转向小规模渐进式更新;更新主体从自上而下的政府主导,到市场主导下的公私合作,再转为政府、市场和社区的多方伙伴关系。

1.　阶段一:清除贫民窟

西方城市早期的社区更新一般是清除贫民窟运动。如 1930 年,英国工党政府制定《格林伍德住宅法》(*Greenwood Act*),提出采用"最低标准住房"和"建造独院住宅"相结合的办法来消除贫民窟,在清除地段建造多层出租公寓,并在市区以外建一些独院住宅村。第二次世界大战后,英国政府又在恢复重建中开始实施大规模的清除贫民窟运动。美国也出台过《1937 年美国住房法》(*United States Housing Act of 1937*),其主要做法就是清除贫民窟,然后原址兴建公共住房。

该时期的城市更新实践深受从形体规划出发的城市改造思想影响,典型代表如勒·柯布西耶(Le Corbusier)的"光辉城市"(Radiant City)以及国际现代建筑协会(Congrès International d'Architecture Moderne, CIAM)的"功能主义"思想等,特征是通过在旧址进行大规模以推倒重建为主的更新,来全面提升城市形象。这种大规模清除贫民窟的行动虽然明显改善了城市居住环境,但由于仅对城市衰退的表象做出简单回应,并没有触及导致城市衰退的深层社会经济根源,因此产生了大量社会问题。例如,贫民窟居民只是从一处被转移到另一处,新建的大规模社会住房街区也不可避免地造成了贫困集中、种族隔离以及毒品暴力泛滥;部分贫民窟被能够提供高税收的购物中心、高档宾馆和办公楼项目取而代之,这破坏了原有社区的社会网络,引起了城市"绅士化"现象。1957 年,英国社会学家迈克尔·杨(Michael Young)和彼得·威尔莫特(Peter Willmott)出版了《伦敦东区的家庭和亲属关系》(*Family and Kinship in East London*),书中描绘了二战后英国旧城区的重建工作,"外观凌乱的贫民窟,在社会层面却是一个良好的组织严密的社区",规划师只关注物质环境,却忽视了人们赖以生存的社会环境。1961 年,社会学家简·雅各布斯(Jane Jacobs)在《美国大城市的死与生》(*The Death and Life of Great American Cities*)中从社会分析视角对柯布西耶推崇的现代城市规划模式提出了批判,认为其破坏了城市传统文化的多样性。1965 年,克里斯托弗·亚历山大(Christopher Alexander)在《城市并非树型》(*A City is Not a Tree*)中表示,大规模推倒重建的模式完全否定了城市的文化价值,破坏了城市肌理和历史文脉。总而言之,大规模清除贫民窟的社区更新方式并没有达到真正的社区更新目标,从表 1-4 中就可以看出这种社区更新的实质。

表 1-4　美国 15 个大城市在 20 世纪 50 年代"城市更新"运动中的住宅增减情况

城市	1949—1957 年		
	拆除住宅(套)	新建住宅(套)	差额(套)
纽约	43 869	50 462	6 593
芝加哥	27 929	24 479	− 3 452
洛杉矶	5 801	5 819	18
费城	19 279	12 471	− 6 803
底特律	12 063	3 301	− 8 762
巴尔的摩	13 229	5 314	− 7 915
休斯敦	0	348	348
圣路易斯	9 860	5 430	− 4 930
华盛顿	8 505	6 909	− 1 596
旧金山	8 591	4 142	− 4 449
波士顿	11 767	5 871	− 5 896
辛辛那提	10 421	2 404	− 8 017
明尼阿波利斯	7 669	2 825	− 4 844
匹兹堡	7 862	4 771	− 3 091
亚特兰大	8 264	3 794	− 4 470

资料来源:方可.西方城市更新的发展历程及其启示[J].城市规划汇刊,1998(1):59-61.

2. 阶段二:社区邻里修复

"邻里修复"主要是针对上一阶段大规模拆建引发的社会问题而展开的。随着 20 世纪 60 年代西方国家普遍的经济增长和社会富足,人们希望在"富足社会重新发现和消除贫穷"。同时,受凯恩斯主义影响,人们认为政府有能力和责任为居民提供更好的公共服务。政府在这一阶段投入了大量财力开展具有国家福利色彩的社区更新计划,以此来改善居民的居住环境,解决社会问题。

1974 年,美国颁布了《住房与社区发展法案》(*Housing and Community Development Act of 1974*),标志着历时 20 余年的城市更新运动被目标更为广泛、内容更加丰富并强调社区"自愿式更新"的社区开发计划取代①。该计划认为,过度郊区化引起的社会问题,并非是由于物质空间形态本身的不完善,而是源于城市上层的经济社会结构。因此,该计划设立了社区发展基金(Community Development Block Grant, CDBG)和都市发展行动基金(Urban Development Action Grants, UDAG),期望通过提供投资和就业机会来推动衰败的中心城区走向复兴,制定了以经济手段为核心的系统化政策和综合性措施,将解决贫民窟问题纳入更广范围的中心城区复兴计划中,而不是作为孤立的社区层面问题来处理。此外,社区开发计划还强调公众参与和循序渐进的更新方式,注重对社区人文环境的保护和复兴。

20世纪70年代,德国政府提出了"保留周边、推倒内部"的旧城改造政策,由住宅、邻里环境和居民间社会联系组成的社区单元成为旧城更新的焦点,在保留原有城市结构的基础上维护旧有住宅、改善整体居住环境以及恢复市中心活力等内容成为更新的方向。1971年,德国颁布了第一部城市更新法律《城市建设资助法》(Stadtebauförderungsgesetz),1976年又颁布了《住房现代化改造法》(Wohnungsmodernisierungsgesetz),均在住宅和旧城改造等方面提出了相应的更新政策和措施。

3. 阶段三:社区综合复兴

20世纪90年代以后,国际环境的转变、生产方式和生活方式的转型等使得城市问题日益复杂,已经没有一种单一理论能被用来整体认识和改造城市,城市更新的理论更加多元②,可持续发展、新城市主义以及城市管治等成为主导该时期城市更新的重要思想。人们越来越清晰地认识到:城市更新是一个长期的过程,不仅仅是房地产的开发和物质环境的更新,应注重社会、经济、文化及环境对社区的综合影响。西方城市进入社区综合复兴的新阶段。社区综合复兴强调物质环境、经济和社会多维度的综合改善,注重政府、社区、个人和开发商、工程师、社会经济学者之间的多方合作,趋向于以小规模改建为主的谨慎渐进式社区邻里更新。

美国在20世纪90年代推行了"希望六号"(HOPE Ⅵ)计划,改变了以往单一的住房更新的方式,将环境改善、社会改良、社区发展以及城市复兴等多重目标统一于社区更新中。为了实现这些目标,"希望六号"计划提出了混合居住、提高设计和建造标准、提供社区支持服务以及混合融资开发等措施。之后为缓解回迁率低、新的贫困聚集以及绅士化等问题,改进为

① 曲凌雁.美国的城市更新与社区开发比较[J].国外城市规划,1998(3):11-14.
② 张京祥.西方城市规划思想史纲[M].南京:东南大学出版社,2005.

"选择性邻里"(Choice Neighborhoods)计划[①]。虽然"选择性邻里"的资助对象仍为较小规模的公共住房,但实际上已成为衰败社区的整体更新计划,期望以这些住房更新为支点,带动整个片区的可持续发展。

1991年,英国政府提出"城市挑战"(City Challenge)计划,将社区参与纳入城市更新,通过竞标的方式分配城市更新资金,并鼓励地方权力机构与公共部门、私人部门和社会团体建立伙伴关系联合投标,使更新目标更具有社会性。1993年,英国国家环境部提出了将20个分散的更新基金整合为"单一更新预算"(Single Regeneration Budget, SRB),SRB共资助了1000多个城市更新计划。经过了多轮城市更新,英国仍存在较多的贫困社区,因此在1998年,工党政府又提出了"社区新政",并于2001年正式出台"社区新政计划"(New Deal for Communities Programme, NDC),旨在帮助贫困社区扭转命运,缩小与其他社区的差距。

德国在20世纪80年代中期以后,城市建设开始从大规模拆除重建的旧区改造转为针对具体建筑的小规模、谨慎的更新。1987年颁布了《建设法典》(*Baugesetzbuch*),重点提出了城市生态环境保护、废弃土地再利用、旧房更新和城市复兴等问题。

1.2.4 我国社区更新的历程

我国社区更新自中华人民共和国成立初期开始,经历了建筑改造修复(1949—1978年)、住房成片改造(1978—1990年)、市场机制推动下的拆建(1990—2011年)和以人为本的高质量发展(2011年至今)四个阶段(表1-5)。

表1-5 我国社区更新历程

时间	更新阶段	更新背景	更新方式	参与主体
1949—1978年	建筑改造修复	针对战争导致的衰败,以改善城市基本环境卫生和生活条件为重点	充分利用,逐步改造	以工代赈,发动群众力量
1978—1990年	住房成片改造	在城市规划引领下,以解决住房紧张和偿还基础设施欠债为重点	统一规划、分批改造	政企合力,政府为主

---

① 杨昌鸣,张祥智,李湘桔. 从"希望六号"到"选择性邻里"——美国近期公共住房更新政策的演变及其启示[J]. 国际城市规划,2015(6):41-49.

续表

时间	更新阶段	更新背景	更新方式	参与主体
1990—2011年	市场机制推动下的拆建	计划经济向市场经济转变,住房商品化改革	地产开发商主导下的大规模拆除重建	房地产企业提供改造资金,地方政府支持,居民较缺少话语权
2011年至今	以人为本的高质量发展	以内涵提升为核心的存量、减量规划	微更新、社区营造、共同缔造工作坊等	政府主导,市场与居民多元参与

1. 建筑改造修复阶段

1949—1978年,我国处于以计划经济体制为主导的时代,城市社会空间内部分层和贫富差异不明显。由于战后经济水平落后,城市建设资金主要用于发展生产和新工业区的建设,能够投入旧区改造项目中的资金较为有限,因此鲜有大规模的旧区改造。更新的重点在于住区环境卫生和生活条件改善,一般是在原有建筑物的基础上进行修缮和对已有资源的"充分利用、逐步改造"。地方政府财政紧缺致使旧区改造实践中多采用以工代赈的方法发动群众力量,对环境最为恶劣、问题最为严重的地区进行改造修复,如北京龙须沟改造、上海肇嘉浜棚户区改造等。总的来说,这一时期的大规模城市建设,对城市居住环境和生活条件的提高起到了积极的作用,但住宅和市政公用设施改造中以降低质量和临时处理的办法节省投资,为之后的旧区改造留下了隐患[1],[2]。

2. 住房成片改造阶段

从开始改革开放至1990年,为了改善城市居民居住条件,解决住房短缺以及偿还基础设施欠账等问题,北京、上海、广州、南京以及沈阳等城市相继开展了大规模的旧城改造。这一阶段旧区更新改造基本按照地方规划尤其是总体规划逐步进行,表现出很强的"统一规划、分批改造"的特征。改造资金多由以国有企业为主的社会力量提供,在住房成片改造的前提下采取了集资联合建房、企业代建、与企业合建、居民自建及商品房建设等多种形式。这一时期,代表性的社区更新有北京菊儿胡同改建、北京小后仓胡同改造以及苏州桐芳巷小区改造等。

在社区更新思想方面,吴良镛先生提出了"有机更新"理论,主张城市建设应遵循城市的内在秩序与规律,采用适度的规模和尺度对住区中的各

① 田丽.基于韧性理论的老旧社区空间改造策略研究[D].北京:北京建筑大学,2020.
② 阳建强,陈月.1949—2019年中国城市更新的发展与回顾[J].城市规划,2020,44(2):9-19,31.

种关系进行合理处置,并在北京菊儿胡同改建中进行了应用,为我国旧区改造提供了新的思路。

3. 市场机制推动下的拆建阶段

1990—2011 年,我国经历了计划经济向市场经济的转变及住房商品化的改革,为地方政府和利益相关者提供了强大的政治和经济动力,掀起了旧区更新热潮。许多城市积极实践探索,城市更新涵盖了旧居住区更新、老工业区更新、历史街区保护以及城中村改造等多种类型(表 1-6)。这一时期的旧区更新突出表现为地方政府与地产开发商主导下的大规模拆除重建。以毛地出让模式为主,政府将地块直接出让给开发商,开发商自筹资金或向银行贷款,通过政府协议出让的方式获得土地。由于房地产企业提供大部分的改造资金,因而拥有很大的话语权,而地方政府通常是开发商行动的支持者。居民在旧区更新过程中是被动参与者,几乎没有话语权。

表 1-6　20 世纪 90 年代至 21 世纪初我国典型城市更新实践案例

更新类型	案例名称	更新策略
旧居住区更新	上海"365"危棚简屋改造	通过政策支持,以毛地出让的模式吸引国内外开发主体参与改造
老工业区更新	上海世博会园区更新	借助上海世博会大事件,对成片的工业厂房与历史建筑及其园区环境进行绿色改造与低碳再利用
历史街区保护	苏州平江路整治更新	通过局部旅游开发,用旅游开发收入反哺街区的基础设施建设
城中村改造	深圳华润大冲村更新	在传统旧城改造的基础上强化完善城市功能,优化产业结构,处置土地历史遗留问题

资料来源:阳建强,陈月. 1949—2019 年中国城市更新的发展与回顾[J]. 城市规划,2020,44(2):9-19,31.

虽然大规模拆建使城市空间结构、城市功能和居住环境等得到了一些改善,但也产生了诸如各类保护建筑和传统街区遭到破坏、规划设计方案趋同、城市空间绅士化以及资源财富分配不均等问题。正如《北京宪章》所说,"20 世纪是一个'大发展'与'大破坏'并存的时代"。这些"建设性破坏"进一步导致社区结构与地方认同感解体、城市文化与特色风貌被破坏、注重物质空间而漠视人文关怀等社会问题。

4. 以人为本的高质量发展阶段

2011 年,我国城镇化率突破 50%,正式进入城镇化的"下半场",以内涵提升为核心的存量更新成为城市发展的新常态,土地发展权的价值分配成为存量规划机制研究的重点①。在生态文明、"五位一体"发展以及国家治理体系建设的总体背景下,城市和社区更新的理念更加多元化:强调以人为本和空间正义,关注弱势群体,提倡居民参与;关注生态健康和人居环境,如提出完整社区、绿色低碳社区和健康社区等概念;注重历史文化传承和城市活力提升。基于这些理念,国家层面陆续颁布各类政策文件,并提出"城市双修""社区治理""共同缔造"等概念,逐步升级推进城镇老旧小区改造。在地方层面,几个重点城市在城市更新机构设置、更新政策以及实施机制等方面也进行了积极探索和创新。如在机构设置方面,2015年广州市城市更新局成立;在更新政策方面,上海市相继出台了《上海市城市更新实施办法》《上海市城市更新规划土地实施细则(试行)》《上海市城市更新条例》等一系列政策文件;在实施机制方面,北京、上海和成都等地积极探索社区规划师制度来推动社区更新工作。

这一时期的社区更新类型以小规模、渐进式和创新性社区微更新模式为主,实施主体呈现多元化特征,上海、浙江、广州、南京和重庆等重点省市开展了诸多社区更新实践活动。

以上海市为例,自2014年起,上海探索了多路径的社区更新实践(表1-7),包括:①市级层面结合城市节事开展的"上海城市空间艺术季""城事设计节""行走上海——社区空间微更新计划""共享社区计划"等行动。②区级层面较有特色的有"普陀万里魅力社区计划""静安美丽家园更新"和"浦东缤纷社区行动"等②。其中普陀区重点探索了如何从区域角度基于全面评估和需求调查创建公共要素清单;静安区鼓励广泛居民参与,探索社区治理、公众参与和社区规划师机制,推动老旧社区更新;浦东新区以行动为导向,基于社区资源确定九项行动的三年推进计划,在行动计划和实施机制层面进行创新。③由各类社会组织主导的类型丰富的社区营造活动,如四叶草堂的社区花园微更新等。

表 1-7 上海近年社区更新典型实践一览表

级别	时间	实践名称	代表性更新项目
市级	2015 年	上海城市空间艺术季——"文化兴市,艺术建城"案例展	—
	2017 年	上海城市空间艺术季——"连接共享未来的公共空间"案例展	—

① 田莉,姚之浩,郭旭,等.基于产权重构的土地再开发——新型城镇化背景下的地方实践与启示[J].城市规划,2015,39(1):22-29.
② 王琪,卢银桃,王珊.社区空间微更新的上海探索[C]//面向高质量发展的空间治理——2020 中国城市规划年会论文集(02 城市更新),2021:1248-1264.

级别	时间	实践名称	代表性更新项目
市级	2019 年	上海城市空间艺术季——"相遇"案例展	—
	2021 年	上海城市空间艺术季——"15 分钟社区生活圈—人民城市"	长宁区新华社区、普陀区曹杨社区是艺术季主展区样本社区
	2017 年	城事设计节——"城市更新中的新零售空间"主题论坛	—
	2018 年	城事设计节——"城市更新中的新社区"主题论坛	—
	2019 年	城事设计节——"街区新生"主题论坛	—
	2016 年	"共享社区计划"	曹杨新村社区复兴、塘桥社区微更新
	2016 年	行走上海——社区空间微更新计划	创智农园、百草园
	2022 年	上海市"美好社区先锋行动"项目	浦东新区三林苑、杨浦区长白一村
	2024 年	《2024 年城市更新规划资源行动方案》	—
区级	2014 年	"普陀万里魅力社区计划"	杨家桥地区环境及设施优化项目、"一站式"邻里中心项目
	2015 年	"静安美丽家园更新"	永和二村项目、阳曲路 760 弄项目
	2016 年	"浦东缤纷社区行动"	金桥镇的佳虹家园项目、陆家嘴街道的活力 102 项目
	2018 年	杨浦区首创"社区规划师制度",规划师进弄堂	江浦路街道辽源花苑

2019 年,《浙江省未来社区建设试点工作方案》发布,提出了未来社区的"139"顶层设计,即"1"个中心——以人民美好生活向往为中心,"3"个价

值导向——人本化、生态化和数字化,"9"个场景——邻里、教育、健康、创业、建筑、交通、低碳、服务和治理(图 1-2)。

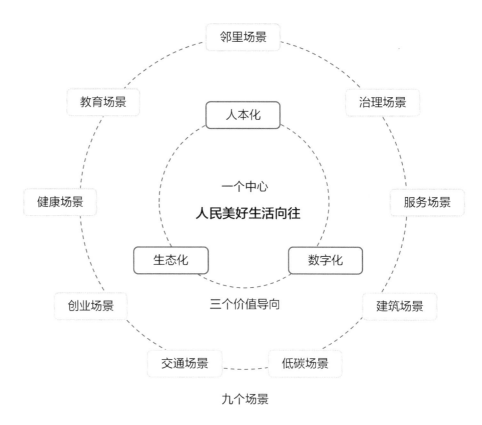

图 1-2 浙江省未来社区"139"顶层设计

资料来源:崔国.未来社区[M].杭州:浙江大学出版社,2021.

　　重庆基于文化资本,在渝中区的老旧社区更新中,充分挖掘和梳理社区历史记忆和市井文化,重建社区邻里关系、重塑社区场所精神、重现社区支持网络,带动老旧社区的文化复兴。

　　2015 年,广州将"微改造"模式写入《广州市城市更新办法》,对建成区中存在安全隐患的建筑实施局部拆建和整治,充分挖掘老城区潜在的资源和优势,延续历史文脉,保存城市记忆。

　　2019 年,成都发布了《成都市城乡社区发展治理总体规划(2018—2035年)》,提出转变营城理念,注重以人为本,以人的感受、人的需求和人的发展为出发点进行社区规划,强调宜居性和人文性,不断满足人民群众对美好生活的向往,提升居民获得感和幸福感。可见,社区更新正在全国范围内得到积极探索,并呈现出多元化和地域性特征。

1.3 当前我国社区更新的特征与问题

1.3.1 顶层政策支持与社区更新实践的断层

在存量发展背景下,国家多部委重视城市和社区更新问题,发布了多项相关部门规章。2019 年 7 月,住房城乡建设部会同发展改革委、财政部联合发布了《关于做好 2019 年老旧小区改造工作的通知》,希望通过老旧小区改造完善城市管理和服务,彻底改变粗放型管理方式,让人民群众在城市生活得更方便、更舒心、更美好。2020 年 7 月,国务院进一步发布《关于全面推进城镇老旧小区改造工作的指导意见》,力争基本完成 2000 年年底前建成的需改造城镇老旧小区改造任务。2021 年,中华人民共和国住房和城乡建设部(住建部)、国家发展和改革委员会(发改委)在《关于加强城镇老旧小区改造配套设施建设的通知》中阐明,需加强项目储备,进一步摸排城镇老旧小区改造配套设施短板和安全隐患。国家层面出台的这一系列政策文件,对指导城市更新工作有序开展起到了重要作用。

部分重点城市在城市更新机构设置、更新政策和实施机制等方面进行了积极探索和创新。在更新机构设置方面,广州、深圳、东莞和济南等城市相继成立城市更新局。在更新政策方面,北京出台《关于老旧小区更新改造工作的意见》《北京市城市更新行动计划(2021—2025 年)》等文件;上海出台《上海市城市更新条例》《上海市城市更新实施办法》和《上海市城市更新规划土地实施细则(试行)》等一系列文件,深圳出台了《深圳市城市更新办法》《深圳市城市更新办法实施细则》和《深圳市城市规划标准与准则》等一系列文件。在实施机制方面,上海、北京及深圳等城市均积极探索社区规划师机制,如北京在分区规划、控制性详细规划中引入的责任规划师制度。

尽管国家和地方的政策大力推进,但在社区更新实践时仍遇到诸多问题。首先,国家层面尚缺少社区更新专门的法律法规,现有社区更新政策分散于城市更新、旧房修缮、住宅整治等多类型部门规章中,对改造目标、改造范围、改造主体等规定没有达成一致,对社区更新缺乏系统性指导文件。其次,部门规章和地方法规内容较为原则化,缺少解释和配套实施办法。如上海市出台的城市更新类文件中,对社区更新以几条原则性规定形式体现,尚没有足以指导社区更新实践落地的实施方法。此外,社区更新相关技术规范和标准的缺乏导致社区更新实践没有技术性依据。老旧小区改造经常涉及诸如加装电梯、增建配套设施、拓展生命通道侵占绿化等问题,如果使用现行的标准规范,往往会因绿化、日照低于现行标准而导致老旧小区在更新改造过程中面临诸多限制而无法顺利开展。2020 年国务院办公厅在《关于全面推进城镇老旧小区改造工作的指导意见》中提出,"因改造利用公共空间新建、改建各类设施涉及影响日照间距、占用绿化空间的,可在广泛征求居民意见基础上一事一议予以解决"。但在应对老旧小区更新实践中大量的此类问题时,这种"裁量型"管理还是制约了项目推进效率。

1.3.2 物质环境改善与社区多元需求的错配

长期以来,以增量为导向的快速城镇化大力推进新区开发,城市更新和社区更新滞后于新区建设。城市快速发展提高社区居民的期望,社区品质却由于维护不及时等原因不尽如人意。"需求的形成"与"需求的满足"之间的差距使人们产生"社会挫折感",居民经比照感受到的利益受损也会使其产生相对的剥夺感,进一步增加了社区内的不安定因素①。

当前我国社区更新主要体现为物质空间层面的改善。由于我国老旧社区量大面广,更新需求强烈,在社区更新的实践中不得不优先从社区居民"急、难、愁"问题入手,对其最迫切的需求作出回应,以谋求社区更新的效率最大化。因而更新的具体策略难免停留在老旧住宅改造和公共空间的外部更新上,如社区的设施修缮、环境美化以及"设计手法微、更新动作微、实施费用微"的微更新等。基层政府在社区更新中多追求经济理性②和整体效率,而老旧社区的居民构成复杂、需求多元,社区更新无法响应居民的多元化需求③。

近年来,我国社区居民长期压抑的多元社区发展诉求浮出水面,也意识到社区品质、社区资源和社区交往在日常生活中的重要作用。实际上,社区居民不仅需要空间环境优化,更需要获得核心资源与个人发展机会的结构性提升④,传承和维系社区空间文化厚度、社区生活活力和社区情感纽带。如何调动社区居民更主动、更强烈地表达意愿,使社区更新的内容与社区居民差异化、多元化的诉求相匹配,是社区工作者和规划设计人员在社区更新中的工作重点。

① 亨廷顿.变革社会中的政治秩序[M].李盛平,等,译.北京:华夏出版社,1988.
② 胡滨.我国城市化进路中的社会风险探究[J].城市规划,2012,36(5):46-50.
③ 刘炳胜,张发栋,薛斌.由内而外的城市社区更新何以可能?——以 X 社区更新治理为例[J].公共管理学报,2022,19(1):14.
④ 忻晟熙,李吉桓.从物质更新到人的振兴——英国社区更新的发展及其对中国的启示[J].国际城市规划,2022,37(3):81-88.

1.3.3　管理型社会与社区新公共性构建的挑战

自 2015 年以来,在政策、策略和行动上,社区更新开始从政府一元主导向政府、社区团体和资本等多元主导发展。但政府作为更新改造的绝对主体的情况并未发生根本性变化,体现为自上而下的行政命令对社区更新的驱动作用占主导,仍属于"强政府—弱社会"的管理型社会。以地方政府为代表的社会共同体以政策、管理手段和传媒体系强化社会管理功能,成为权力和责任高度集中的主体。一些地方政府倾向于从其需求的角度制定对其有利的政策和社区更新方案,并掌控社区更新中方案敲定、项目节点控制等关键环节。

作为基层社区治理体系中的关键组成部分,社区居委会是社区居民自我管理、自我教育、自我服务的基层群众自治组织,直接参与基层社区的各项事务。但在实际运行中,社区居委会主要承担地方政府和街道下发的行政任务,成为政府行政管理的末梢和行政传达的代理角色,行政属性远大于自治属性。居委会被嵌入地方政治体系后,在面对社区更新中容易引起争议的事务时,就容易以"一刀切"等保守的方式处理,抹除了社区空间优化的更多可能性[1]。

随着单位制解体,社区居民呈现原子化倾向,个体脱离单位社会的集体身份后,开始独自面对外部世界,个人和群体间社会联系空前薄弱,社会纽带松弛。群体间的联系伴随着居民小区权属私有化被社区间紧闭的铁门所切断,作为政府代理角色的社区居委会也难以缝补断裂的社会网络。社区居民表现出强烈的个体化和原子化的倾向,在城市和社区中的物理集中无法使人们产生社会凝聚力,导致社区失序、失范[2]。失去组织依靠的个体需承受更多社会职能和随之而来的风险,要构建以中介团体为纽带的社区,新公共性至关重要。

社区新公共性的概念与旧公共性相对。旧公共性表现为威权社会以"官"为主体、以公共事业的实用性为目标的公共体系,而社区的新公共性旨在通过人们的理性沟通形成公共舆论以构建新公共性,实现整合型社会[3],[4]。社区新公共性的构建需要以中介团体为纽带表达居民个人利益诉

① 刘悦来,尹科娈,孙哲,等.共治的景观——上海社区花园公共空间更新与社会治理融合实验[J].建筑学报,2022(3):12-19.

② 托克维尔.论美国的民主(下卷)[M].董果良,译.北京:商务印书馆,1988.

③ 田毅鹏,吕方.社会原子化:理论谱系及其问题表达[J].天津社会科学,2010,(5):68-73.

④ 俞祖成.日本"新公共性"指向的 NPO 政策体系分析[J].中国非营利评论,2011,8(2):133-160.

求。当前,居民与政府的直接对话可能形成僵局,居民缺乏安全感产生本体安全威胁和社会焦虑情绪,政府也面临信任弱化的危机[①]。因此,越来越多的社区居民共同意识觉醒,社区居民替代行政力量成为社区建设主体,以居委会、业主委员会及居民自发组织为代表的中介团体逐渐发挥重要作用,社区互助初步形成。但在社区新公共性构建中仍受到传统管理型社会遗留的重重阻碍,如居民表达意愿低、主体意识不强;居民参与能力不足,协商的路径和目标不明晰;沟通结果难以纳入社区更新的决策过程等。这些将成为社区更新的挑战。

1.3.4 资金短缺与社区可持续运营的冲突

当前,我国老旧社区改造资金主要源于中央和地方政府财政投入,供热、供水、排水、电力和通信等基础设施运营企业会承担部分或全部各自管线改造费用。2011—2021 年,上海市完成旧区改造 642 万平方米,为支持旧区改造工作,上海市于 2021 年设立了总规模约 800 亿元的城市更新资金,定向用于旧区改造和城市更新项目。深圳市也为城中村、社区设施改造等社区更新项目提供大量政府资金补助。但由于 1949 年后社区的批量建设,当前亟待更新改造的老旧社区数量极为庞大,地方政府的财政压力陡增的同时,更新专项资金不仅难以覆盖所有社区,社区所获得的政府资金补助也十分有限,仅能完成部分基础类改造项目。

此外,社区更新的盈利模式不清晰,引入社会资本受阻,更难以为社区发展提供长效支持。资本参与社区更新的驱动力是空间置换和空间谋利,旨在推动空间价值再创造、再集中以获取空间的剩余价值[②]。在旧城改造阶段,老旧社区被拆除并为商业化空间和高端商品住宅楼所替代;进入存量时期后,社区更新因为盈利模式不清晰,难以为资本创造可观的盈利空间,因而鲜少被资本青睐。而老旧社区内的居民往往收入不高、能力不强,也无法为社区更新提供资金支持。除了社区改造初期的大量资金需求,社区运营维护还需要长期资金投入和后期管理养护费用,如果长期依赖地方政府投入将造成很大的财政负担。运营资金不足会导致物业失管,空间更新成效难以维持。单一且不可持续的资金来源使得更新改造工作动力不足,进展缓慢,更难以进入良性循环,难以使更新的福利发挥长久的作用。推进顺利、成效持续的社区更新实践离不开对社会资本参与社区更新项目动力的挖掘和社区更新资金平衡策略的制定。

---

① 胡滨.我国城市化进路中的社会风险探究[J].城市规划,2012,36(5):46-50.
② 何森,张鸿雁.城市社会空间分化如何可能[J].探索与争鸣,2011(8):47-51.

1.4 我国社区更新的趋势：社区治理

近年来,在城市更新转型发展和创新社会治理的时代背景下,社区更新成为改善人居环境、实现社会公平与社会包容以及提高社区自治能力的重要落脚点。伴随着公众参与规划诉求的增加以及社区营造思想的传播,北京、上海、厦门和成都等城市逐步开始以参与式社区空间"微更新"为主要手段,以家园共同缔造为主要模式进行社区更新实践探索。

2014 年,北京"新清河实验"强调社区规划与社区治理、民生服务保障等工作的协同推进,通过建立议事委员会制度搭建基层协商议事平台来促进公众参与,并采用陪伴式的工作方式,由社区规划师协助社区拟订发展战略,提供咨询建议和专业支持,助力社区组织孵化和示范项目实施,从而推动社区能力建设和社区全面提升。

2015 年,在上海静安区"美丽家园"社区更新规划中,强调社区更新以居民为核心,依托静安区基层治理中既有的"三会一代理平台"和"1＋5＋X"自治模式,建立社区更新工作机制,为居民、政府、规划师和建设方搭建了一个高效的协同平台,协调各参与主体角色扮演和职责分工,从而积极有效地推动社区更新[1]。

2016 年,厦门"沙坡尾共同缔造工作坊"践行"自上而下"与"自下而上"相结合的社区规划模式,组织大量公众咨询讨论和一系列主题活动,持续开展动态规划,促进居民、政府和规划师等多元主体的深度参与和互动,最大限度满足多方诉求,在兼顾社区可持续发展的前提下达成发展共识。

2016 年起,成都市全面开展城乡社区可持续总体营造行动。其中,青羊区通过"还权、赋能、归位"的顶层政策设计来理顺政社关系;建立社区协商民主决策平台以及建立社区公共财政制度来撬动居民参与;通过社区规划塑造公共空间以促进公共参与、唤醒社区居民的责任意识;在志愿行动中重塑社区联结的方式;增加社区社会资本,再造社区的资源,激发社区的内生性发展动力[2]。

从近年我国各地的实践探索来看,当前我国的社区更新工作更加重视

---

① 匡晓明,陆勇峰.存量背景下上海社区更新规划实践与探索[C]//规划 60 年:成就与挑战——2016 中国城市规划年会论文集(17 住房建设规划),2016:308-318.
② 江维.城市社区可持续总体营造的实施路径——以四川省成都市青羊区为例[J].社会治理,2019,(2):42-50.

物理空间与社区治理的耦合。在政策机制方面,各地积极探索建立社区规划师机制,注重基层社区治理组织架构的完善,重视社区更新多方参与平台的构建;在实践路径方面,以参与式社区规划为手段,通过社区更新活动与城市节事相结合等方式吸引居民参与社区更新,实现共同缔造;在行动模式方面,注重多元角色的积极互动,逐步形成政府主导下的多方合作模式,强调社区规划师、高校、设计机构、社会组织、企业和社区等多元力量的合力推动作用。通过此类机制、路径和模式的创新探索,不仅提升了社区更新的效率和质量,更为社区治理注入了新的活力。参与式社区更新正逐步成为推动社区治理现代化和精细化的重要力量和手段,助力构建更加和谐宜居的社区有机共同体。

第二章

社区治理与参与式规划

2.1 社区治理

2.1.1 社区治理

1. 治理的内涵

1989年,世界银行发表报告《撒哈拉以南非洲:从危机到可持续增长》,首次提出"治理危机"一词,此后"治理"概念在经济学、政治学、管理学、社会学和城市学等多学科领域广泛应用。

治理的内涵较为丰富,诸多学者和机构对其进行过阐释。英国学者罗德·罗茨(Rod Rhodes)认为,"治理就是自组织网络的合作,这种自组织网络就是公共、私人和志愿者组织的复杂混合"①。美国学者詹姆斯·罗西瑙(James Rosenau)在其撰写的《没有政府的治理》(Governance without Government)中指出,"治理是一种管理机制,但是又不同于管理,它是由各种有着相同利益追求的不同主体,为了实现特定利益而共同参与的一种活动,在这项活动中,政府是其中一个主体但并不一定起主导作用,部分治理活动也不需要国家强制力作为保障"②。美国管理学家简·库伊曼(Jan Kooiman)指出,"治理所构建的社会结构和秩序不能依赖外部强加,它需要依靠诸多行为者之间的互动来发挥作用"③。瑞士学者皮埃尔·德·塞纳克伦斯(Pierre de Senarclens)认为,"治理代表着政府不再享有一些政治职能(比如领导和裁决)的单独拥有权,政府之外的其他社会组织或机构也能在经济、社会调控中占有一席之地,行使相应的政治职能"④。联合国全球治理委员会在1995年《我们的全球伙伴关系》研究报告中将治理的概念界定为"治理是各种公共和私人机构管理其共同事务的诸多方式的总和,它是使相互矛盾冲突的不同利益者得以协调并最终采取联合行动的持续过程。它既包括有权强迫人们服从的正式制度和规则,又包括各种符合人们

---

① RHODES R A W. The New Governance:Governing without Government[J]. Political Studies,2010,44(4):652-667.

② 罗西瑙. 没有政府的治理[M]. 张胜军,刘小林,等,译. 南昌:江西人民出版社,2001.

③ KOOIMAN J. Modern Governance:New Government-Society Interactions[M]. London:Sage Publications,1993.

④ 彼埃尔·德·塞纳克伦斯. 治理与国际调节机制的危机[J]. 国际社会科学(中文版),1999(1):92-95.

共同利益的非正式的制度安排"①。概括而言,治理的内涵包括四个核心要义:①治理领域既涉及公共部门,又包括私人部门,是联合行动;②治理的方式不是控制,而是协调;③多元主体参与的共同发展;④持续的互动过程。

综合以上观点,治理是不同的利益主体,在政府和市场逻辑的基础上,通过沟通、协商和谈判,使相互矛盾冲突的利益得以调和,是不断采取行动的一系列过程,最终目的是使公共利益最大化。

2. 社区治理的内涵

社区治理隶属于城市治理,是治理理念在社区单元上的应用与实践,社区治理的合理性源于政府与市场逻辑的部分失灵。在西方学界,社区治理被喻为"第三条道路"的重要组成部分②。多中心理论提出者埃莉诺·奥斯特罗姆(Elinor Ostrom)与文森特·奥斯特罗姆(Vincent Ostrom)夫妇认为,社区治理的主体包括政府、私人组织和志愿组织,它们之间不存在传统管理概念中的单一统治与被统治或者领导与被领导的服从关系,而是各主体间在保证平等地位基础上发展的协同合作关系。公共选择学派认为,"社区治理是一种对公共物品的集体选择过程"③。中国学者顾朝林认为,"社区治理是通过相关利益者在'同一张谈判桌'上沟通协商,解决各个社区之间和社区内部的问题,共同参与制定社区公共决策和管理社区公共事务,实现社区层面的私人部门、公共部门、社区团体、社区组织和社区居民的相互协作和信任"④。

社区面广量大而且利益关系错综复杂,是政府和市场容易失灵的领域⑤。社区治理能有效解决由政府和市场无法解决的诸多经济和社会问题,比如通过动员多元主体广泛参与来克服由于"政府和市场失灵"而导致的公共产品供给困境问题;又比如通过社区治理来培育公众参与意识来缓解城市生活中人际淡漠、缺乏归属感和安全感等"社会病"。

3. 我国社区治理的关键要素

社会建设已经成为中国生态文明"五位一体"总体布局中的重要组成部分。在国家层面已经提出要"紧紧围绕更好保障和改善民生、促进社会公平正义深化社会体制改革","加快形成科学有效的社会治理体制,确保社会既充满活力又和谐有序",并把人民对"美好生活"的需求放在新时代

---

① The Commission on Global Governance. Our Global Neighbourhood: the Report of the Commission on Global Governance[M]. Oxford: Oxford University Press, 1995.

② 诺思. 制度、制度变迁与经济绩效[M]. 杭行,译. 上海:格致出版社,2008.

③ 李泉. 多元主体参与下的我国城市社区协同治理研究[M]. 北京:经济科学出版社,2018.

④ 顾朝林. 城市管治:概念理论方法实证[M]. 南京:东南大学出版社,2003.

⑤ 王承慧. 走向善治的社区微更新机制[J]. 规划师,2018,34(2):5-10.

社会主义建设的核心位置,提出要"完善公共服务体系,保障群众基本生活,不断满足人民日益增长的美好生活需要,不断促进社会公平正义,形成有效的社会治理、良好的社会秩序,使人民获得感、幸福感、安全感更加充实、更有保障、更可持续"。

社区作为城市生活的基本单元,既是居民日常活动的空间载体,又是国家社会建设和社会治理创新的最佳实践场所。近几年,我国密集出台了多个政策文件来推动社区建设与社区治理(表 2-1)。

表 2-1　近年出台的社区治理相关政策文件一览表

时间	部门	政策文件	工作重点、内容或任务
2015-7	中共中央办公厅、国务院办公厅	《关于加强城乡社区协商的意见》	发展基层民主,畅通民主渠道,开展形式多样的基层协商,推进城乡社区协商制度化、规范化和程序化
2016-8	民政部	《关于深入推进城乡社区协商工作的通知》	进一步深化对城乡社区协商的认识,扎实推进城乡社区协商制度化、规范化和程序化,切实做好城乡社区协商工作督促检查
2016-10	民政部等多部门联合印发	《城乡社区服务体系建设规划(2016—2020 年)》	加强城乡社区服务机构建设,扩大城乡社区服务有效供给,健全城乡社区服务设施网络,推进城乡社区服务人才队伍建设,加强城乡社区服务信息化建设,创新城乡社区服务机制
2017-6	中共中央、国务院	《关于加强和完善城乡社区治理的意见》	健全完善城乡社区治理体系,不断提升城乡社区治理水平,着力补齐城乡社区治理短板,强化组织保障
2017-12	民政部	《关于大力培育发展社区社会组织的意见》	充分发挥社区社会组织的积极作用,加大对社区社会组织的培育扶持力度,加强对社区社会组织的管理服务
2021-4	中共中央、国务院	《关于加强基层治理体系和治理能力现代化建设的意见》	强调了加强基层治理体系和治理能力现代化建设的总体要求,明确了基层治理体系和治理能力现代化建设的主要内容,并提出了基层治理体系和治理能力的组织保障
2021-12	国务院办公厅	《"十四五"城乡社区服务体系建设规划》	围绕基层治理新任务进行了总体规划布局,既明确了场地、设施、人员、服务对象和投入这些方面的"硬件"要素,也规划了社区服务项目、活动、载体、机制等"软件"设施要求

续表

时间	部门	政策文件	工作重点、内容或任务
2024-3	中共中央办公厅、国务院办公厅	《关于加强社区工作者队伍建设的意见》	对加强社区工作者队伍建设进行了全面部署，从强化思想政治建设、提升专业能力素质、完善服务保障机制、健全激励保障制度等方面提出了具体要求

这些政策文件的出台，不仅为社区治理提供了有力的政策支持，也推动了社区治理的规范化、专业化和精细化发展。其中，2017年6月中共中央、国务院发布的《关于加强和完善城乡社区治理的意见》明确提出了城乡社区治理的目标，并把社区治理体制转型放到了为国家治理体系和治理能力现代化奠定基础的高度。基于以上政策分析，我国社区治理路径的关键要素主要包括以下四个方面。

（1）多元主体协同合作

当前，国内外的社区治理有三种典型模式，分别是政府主导型、居民自治型和合作型。国外的社区治理中，新加坡是政府主导型的代表[①]，美国是自治型的代表[②]，日本是合作型的代表[③]。在我国的社区治理实践中，存在多种路径探索。政府主导型社区治理的特点是依靠政府行政力量，发挥整合社会资源、提供社区公共服务、完善社区治理结构、培育社区自治组织的作用[④]；居民自治型的主要特点为政府将权力下放社区，社区作为权力中心，在政府的指导下进行自主决策；合作型治理的主要特点为以社区为平台，通过民主协商和选举的方式产生社区成员代表的大会、社区协商议事会和社区委员会等社区自治组织，构建起政府行政管治与社区自治相结合、政府行政功能与社区自治功能互补的社区治理模式[⑤]。在中国的社区建设实践中，各种模式都有待进一步总结和完善。政府主导型成本过高，容易陷入资源困境的制度弊端，难以可持续地推进社区发展；居民自治型则需要具备一定的组织基础和制度环境，这是一个漫长的过程，在中国现有国情下，社区发展不可能脱离政府自动从无序状态演变成有序状态[⑥]；而合作治理通过权力结构重组、治理主体伙伴化以及现代社会组织培育，可

①　王名，杨丽. 社区治理的国际经验与启示[J]. 重庆社会科学，2011(12)：50-56.

②　李寒湜，徐德顺，王大树. 中国社区治理现状及探索——以北京市社区治理为例[J]. 经济研究参考，2015(45)：28-33.

③　卢学晖. 日本社区治理的模式、理念与结构——以混合型模式为中心的分析[J]. 日本研究，2015(2)：52-61.

④　李强. 中国城市社会社区治理的四种模式[J]. 中国民政，2017(1)：52.

⑤　王木森. 社区治理：理论渊源、发展特征与创新走向——基于我国社区治理研究文献的分析[J]. 理论月刊，2017(9)：151-157.

⑥　顾朝林. 城市管治：概念理论方法实证[M]. 南京：东南大学出版社，2003.

以逐步实现多元主体的自愿平等合作,将成为社区治理的主流模式[①]。

(2) 培育社区社会组织

社区社会组织是由社区居民发起成立,在城乡社区开展为民服务、公益慈善、邻里互助和文体娱乐等活动的社会组织。国家高度重视社区社会组织在基层治理中的积极作用,2017 年,民政部发布的《关于大力培育发展社区社会组织的意见》中提出,社区社会组织要在提供社区服务、扩大居民参与、培育社区文化和促进社区和谐四个方面发挥积极作用。

我国社区社会组织因起步较晚,目前力量较弱,能力参差不齐。为了有效扶持社区社会组织,国家作出了一系列措施安排。一是明确发展重点,加快发展生活服务类、公益慈善类和居民互助类社区社会组织,重点培育为老年人、儿童、失业人员等特定困难群体服务的社区社会组织,鼓励支持有条件的社区社会组织吸纳社会工作专业人才。二是加大扶持力度,通过政府购买服务、民政部门彩票公益金等方式加大对社区社会组织的资金支持,鼓励将闲置的场地无偿提供给社区社会组织开展公益活动。三是促进能力提升,通过加强社区社会组织人才培养、推动建立专业社会工作者与社区社会组织联系协作机制、强化社区社会组织项目开发能力、推进社区社会组织品牌建设以及指导社区社会组织规范资金使用和活动开展等方式,加强社区社会组织能力建设。

(3) 增强社区自治能力

目前,我国基层社会治理多数属于"强政府—弱社会"模式,社区缺乏自治能力,其发展过于依赖政府,"等靠要"特征突出,难以发挥集体力量和利用公共资源形成集体行动。因此,社区治理的关键是增强社区自治能力,培育社区的内生发展动力。

一方面,基层社区居委会应通过社区活动和社区事务不断培养自身制订计划、筹集资金、洽谈合作、召集居民参与、协调矛盾以及落实项目实施等能力[②]。另一方面,社区居民应增强公共参与能力。社区治理的本质是发挥社区自组织能力,社区治理的过程就是一个加强社区自治能力的过程。因此,政府赋权于社区和居民,鼓励居民积极参与社区的公共事务,倡导培育和提升居民自主管理的能力,是社区治理的中心任务[③]。

(4) 培育社区文化与精神

充分发挥社区文化对社区治理的引领作用。一是以社区文化培育"社区精神"。依托丰富的文化活动,促进居民间的沟通,培育社区成员心口相

① 李慧凤. 社区合作治理实证研究[M]. 北京:中国社会出版社,2009.

② 王承慧. 走向善治的社区微更新机制[J]. 规划师,2018,34(2):5-10.

③ 夏建中. 基于治理理论的超大城市社区治理的认识及建议[J]. 北京工业大学学报(社会科学版),2017,17(1):6-11.

传的社区精神,通过长期的交往逐步形成共同的理想目标、价值观念和风俗习惯,增强居民的社区认同感、归属感、责任感和荣誉感。二是以社区文化促进"社区教育"。充分发挥文化凝聚人心、淳化民风和教育引导作用,以优质文化赋能社区治理,让文化软实力成为推动社区治理的"新引擎",内化为居民群众的道德情感,外化为服务社会的自觉行动,形成与邻为善、以邻为伴、守望相助的良好社区氛围。三是以社区文化提升"社区品质",深入挖掘社区文化资源,加强社区公共文化服务体系建设,提升公共文化服务水平,因地制宜地设置特色文化展示设施,提升社区人居环境内在品质。

2.2　社区更新规划

回顾社区规划的发展历程,其背后蕴含着的对社区的理解也在不断深化。20 世纪初至第二次世界大战前,在西方大规模工业化和城市化进程中,社区规划已成为一种发展工具介入城市空间生产过程[①]。如 1929 年美国的科拉伦斯·佩里(Clarence Perry)创建的"邻里单元"(Neighbourhood Unit)理论,作为改变过去住宅区结构从属于道路划分为方格状而提出的一种新的居住区规划理论,其目标是创造适合家庭生活、舒适安全和设施完善的居住环境。第二次世界大战后到 20 世纪 60 年代,人们期望通过社区层面的物质环境改善来实现社会改良目标。但在现代主义建筑思想影响下,大规模拆除重建式的物质空间更新破坏了原有社区的社会网络,不仅没有解决社会问题,反而加剧了社会问题。60 年代到 90 年代,人们已经认识到单纯的空间改善无法解决复杂的社会问题,社会的全面发展成为关注的焦点,因此社区规划成为整合社会、经济、环境和空间发展的综合规划,并强调政府、市民、市场和社会力量等多元主体的协同参与。进入 21 世纪,面对气候变化、能源问题等新问题和新挑战,社区规划又被赋予了促进社区生态、低碳、健康和养老等新的使命。

对于我国而言,社区规划遵循与西方大致相同的演变历程,其模式的演变可以分为三类,分别是单位制住区规划、商品房小区规划和存量社区更新规划,前两类规划通过"生产空间",创造舒适的住宅和优美的居住环

---

① 蓝煜昕,李强,梁肖月,等.社区营造及社区规划工作手册[M].北京:清华大学出版社,2019.

境。经过 30 余年的快速城市建设,我国城市建设已逐步从增量扩张转变为存量提质,对社区的需求已经从最基础的生理需要、安全需要上升到社会需要和尊重需要。因此,近年来产生了社区规划、社区生活圈规划和社区更新规划等名称各异的规划类型,它们的工作内容大致接近,相比前两类规划,社区更新规划更加关注"人"的发展,期望通过"空间的生产"来实现社区健康发展目标[①]。因此,与前两类住区规划理念相比,社区更新规划在工作方式、规划目标、关注重点、居民参与度和规划师角色上存在明显的区别[②]。

在工作方式上,住区规划属于自上而下的蓝图式规划,而社区更新规划是"见物又见人"的规划,一般采用自上而下与自下而上相结合的工作方式,一方面是从系统层面提出社区未来全面可持续发展谋划,另一方面是以满足居民具体需求和解决社区问题为导向。

在规划目标方面,社区更新规划更强调社区发展的系统性和全面性,既注重社区物质空间环境的功能性和舒适性,又致力于促进社区人文、经济、服务和治理等各个维度的互动协调提升,从而实现社区健康可持续发展。

在关注重点上,社区更新规划更强调"过程"的重要性,即更加强调在规划过程中社区成员的互动、社区组织的培育和运行、社区资本的挖掘以及社区共识的建构等。

在参与度上,从住区规划的"为人民规划"逐渐转向社区更新规划的"与人民一起规划",鼓励多元利益主体的共同参与,为其提供更多表达诉求的空间,提高社区凝聚力和发展韧性,构建社区共同体,从而有利于社区规划成果的维护和社区长效发展,更好地抵御各种未知风险。

在规划师角色方面,住区规划中规划师角色仅为"技术员",而在社区更新规划中,规划师兼具了"技术员"和"协调员"等多重身份。

2.3　参与式规划理论的演进

现代城市规划诞生以来,城市规划理论经历了"工具理性—程序理

---

①　蓝煜昕,李强,梁肖月,等. 社区营造及社区规划工作手册[M]. 北京:清华大学出版社,2019.

②　孙玉,章迎庆. 社区更新规划设计[M]. 北京:中国建筑工业出版社,2020.

性—价值理性"的发展脉络①。

自 18 世纪启蒙运动以来，西方经历了政治、经济、社会和文化的一系列转型，即所谓的现代性过程，其本质是对理性的追求。工具理性即建立在理性主义和现代主义哲学基础上，关注规划过程的科学理性。在工具理性精神鼓舞下，西方社会普遍相信科学技术能够解决一切问题并能创造美好的人类社会，继而引发了人类对未来理想城市模式的探索。

20 世纪 60 年代开始，西方社会矛盾突出、阶级分化严重、民权运动高涨，理性规划的逻辑开始受到质疑。西方诸多国家爆发了针对城市"大扫荡式"开发活动的抵制和抗议活动，暴露出传统精英主导和一元化的规划对社会底层阶级忽视的事实。人们逐渐意识到，仅仅依靠规划设计师并不能做出好的规划，公众的利益需要通过讨论与协商后纳入规划进程。在这样的社会背景下，西方涌现出大量的公众参与理论研究。保罗·达维多夫（Paul Davidoff）和托马斯·赖纳（Thomas A. Reiner）于 1962 年提出"规划选择理论"（A Choice Theory of Planning），从多元主义出发，探讨不同价值观的矛盾，认为应该将选择权交予社会，规划的终极目标应当是扩展选择和选择的机会。1965 年，达维多夫又提出了"倡导式规划"理论，该理论强调规划的社会过程，提倡自下而上的公共决策，提出规划者应吸取社会各阶层和各利益团体的意见进行平衡，以达成社会共同遵守的规章，体现规划的"程序理性"②，正式拉开规划实践中公众参与的序幕。1967 年，法国著名社会学家亨利·列斐伏尔（Henri Lefebvre）出版了《城市的权利》（Le Droit a la Ville），提出对更多参与和更为民主的城市生活的"渴望与要求"，强调城市权利作为公民基本权益是一种"命运的表达"。1969 年，美国社会学者谢莉·阿恩斯坦（Sherry Arnstein）提出"市民参与阶梯理论"，为公众参与程度的评判提供了相应的标准。

1970 年后，西方公众自我意识及公民权利意识逐渐觉醒，对社会提出自我权利的要求③，城市规划领域的公众参与理论得到深入发展，西方社会进入到关注规划过程的集体理性和建立共识的决策过程。1977 年，《马丘比丘宪章》高度肯定了城市规划中的公众参与，指出"城市规划必须建立在各专业设计人，城市居民以及公众和政治领导人之间系统的不断的互相协作配合的基础上"④。1979 年，德国社会哲学家尤尔根·哈贝马斯（Jürgen

---

① 张庭伟. 20 世纪规划理论指导下的 21 世纪城市建设——关于"第三代规划理论"的讨论［J］. 城市规划学刊，2011（3）：1-7.

② 杨钦宇. 治理视角下城市规划公众参与研究与模式设计［D］. 南京：南京大学，2015.

③ 孙施文，殷悦. 西方城市规划中公众参与的理论基础及其发展［J］. 国际城市规划，2009，24（S1）：233-239.

④ 龙元. 交往型规划与公众参与［J］. 城市规划，2004（5）：73-77.

Habermas)在其著作《交往行为理论》(*Communicative Action Theory*)中提出了"交往理性"(Communicative Reason)概念,主张通过对话交流、交往和沟通,使人们之间相互理解、相互宽容,从而在思想上达到一致①。交往行为理论为城市规划中的公众参与提供了重要的方法论基础,诸多学者利用它来重构规划决策机制。1989年,美国规划理论家约翰·福雷斯特(John Forester)指出,形成、交流和传达信息这些行动的本身就是规划行动②。1994年,托雷·萨格尔(Tore Sager)正式提出"沟通性规划(Communicative Planning)"③。1998年,美国加州大学伯克利分校的城市和区域发展研究所所长朱迪斯·英尼斯(Judith Innes)教授将这些研究成果发展成较完整的"沟通性规划"理论④,强调规划师应通过双向联络沟通的方式参与决策过程,而不是简单通过图纸去影响当权者决策⑤。倡导式规划、市民参与阶梯和沟通性规划等规划理论的演变呈现出的一个重要特征就是规划过程中越来越重视公众参与,但规划要想在真实复杂的社会环境中发挥作用,就必须要考虑通过协作来减少不同利益主体间的矛盾和分歧。因此20世纪90年代后,越来越多的欧美学者提倡进行协作式规划(Collaborative Planning),其中英国的帕齐·希利(Patsy Healey)是该理论的主要代表人物,他认为以往的规划对社会、经济、环境和政治间的协调关系研究较少,规划过程并没有考虑和尊重政府以外的利益相关者,而协作式规划通过"场所营造"和"制度设计",能在复杂的市场经济和多元的投资环境下协调矛盾,具有政治上的合理性⑥。沟通性规划和协作式规划作为"同源"的规划理论成为20世纪90年代西方社区规划理论的主流。

2000年以后,随着社会经济的发展、社会科学理论的完善和公众参与的不断推进,出现了许多新的与公众参与相关的理论和方法,如乔治·布莱尔(George Blair)于2003年发表的《社区权利与公民参与:美国的基层政府》,从理论与实践相结合的角度研究社区治理中的公众参与。总体而言,目前城市规划领域公众参与的研究聚焦于研究公众参与和城市治理模式

---

① 孙施文,殷悦.西方城市规划中公众参与的理论基础及其发展[J].国际城市规划,2009,24(S1):233-239.

② FORESTER J. Planning in the Face of Power[M]. Berkeley:University of California Press, 1989.

③ SAGER T. Communicative Planning Theory:Rationality versus Power[M]. [S. l.]:Avebury, 1994.

④ INNES J E. Information in Communicative Planning[J]. Journal of the American Planning Association, 1999, 64(1):52-63.

⑤ 张庭伟.从"向权力讲授真理"到"参与决策权力"——当前美国规划理论界的一个动向:"联络性规划"[J].城市规划,1999(6):33-36.

⑥ HEALEY P. Collaborative Planning in a Stakeholder Society[J]. Town Planning Review, 1998, 69(1):1-21.

的耦合关系、参与式规划过程中的权力关系以及不同项目类型下公众参与的途径等。

2.3.1 理性规划

理性规划时期可大致分为两个阶段,前期为 19 世纪末至 1945 年,理性思想与"乌托邦"式的理性主义结合,以"物质空间决定论"和"物质形体设计"为主导,埃比尼泽·霍华德(Ebenezer Howard)的"田园城市"、勒·柯布西耶(Le Corbusier)的"光辉城市"、索里亚·马塔(Soria Mata)的"带形城市"、托尼·戈涅(Tony Garnier)的"工业城市"、弗兰克·劳埃德·赖特(Frank Lloyd Wright)的"广亩城市"以及《雅典宪章》的"功能分区"等早期规划理论均是对理想城市模型的"蓝图"描绘,约翰·弗里德曼(John Fridemann)将这一时期称为"规划作为社会改革"的范式。后期为 1945 年至 20 世纪 60 年代末,第二次世界大战后,空间决定论开始受到批判,如"蓝图"式描绘缺乏对城市发展过程的解释、功能分区导致城市的割裂等,人们开始质疑规划的"科学性"。同时,受到 20 世纪 50 年代计量革命和实证主义哲学的影响,规划师普遍相信人类社会同自然界一样存在规律性,这些规律可以用来指导实践,受此影响对前期理性模型进行了修正,产生了"理性综合规划"(Rational Comprehensive Planning)、"系统规划论"(System Approach Planning)和"程序规划理论"(Procedural Planning Theory)等规划理论和实践,如帕特里克·盖迪斯(Patrick Geddes)的"调查—分析—规划"理论,弗里德曼将这一时期的规划称为"规划作为政策分析"的范式。

在第二次世界大战后,这种工具理性规划在主要工业国家振兴经济、重塑城市结构、清理贫民窟以及大规模住房建设中得到广泛应用,尽管规划的制定过程十分高效,但因将最广大的空间使用者排除在外而常常无法得到公众的认可而陷入困局[①]。人们开始反思传统规划的弊端以及探索规划的转型方式,公众参与规划的意识开始萌芽。英美等发达国家开始出台了相应政策,为公众参与规划提供了途径,如 1947 年英国颁布的《城乡规划法》为英国现代规划体系奠定了基础,该部《城乡规划法》中明确提出了允许社会公众对城市规划发表意见和建议的规定。然而,该时期城市规划领域仍普遍侧重物质空间层面的建设,参与的方式仅限于召开公众听证会、社区规划会议等咨询的方式[②]。

---

① 杨钦宇. 治理视角下城市规划公众参与研究与模式设计[D]. 南京:南京大学,2015.
② 廖菁菁. 公众参与社区微更新的实现途径研究[D]. 北京:北京林业大学,2020.

2.3.2　倡导式规划

倡导式规划是美国规划理论家、律师达维多夫于 1965 年在《规划中的倡导和多元主义》(*Advocacy and Pluralism in Planning*)[①]中提出的,鼓励市民参与城市发展过程,行使民主权利。

1. 理论要点

(1) 规划师无法始终保持客观、全面的立场,因而无权替公众做决定

理性主义认为规划师是可以做到价值中立的,宣称他们代表了社会的多数,代表了社会的需求。达维多夫对这一说法进行了质疑,他认为规划师不能保证自己的立场的客观、合理和全面,也不可能做到完全价值中立,规划师的价值观仅代表了部分"精英"的价值取向,而任何人都无法代表整个社会的需求。他认为获得规划目标的过程既不为纯社会理性,又不为纯技术所能决定,而应该是个复杂的社会选择的过程。因此,规划师可剥除公众代言人和技术权威的形象,将规划作为一种服务提供给公众。

(2) 规划师可借鉴律师的角色,担当起社会利益的辩护人和代言人

达维多夫从自身律师的角色中得到启发,他认为规划师应投身某社会团体中去做一名律师,这样来自不同阶层和组织的规划师为各自的团体编制规划,通过规划图纸、辩论和谈判来解决问题。规划师一方面可以帮助雇主提出诉讼、提供专家证词,支持所代表团体的合理诉求,同时告知雇主相关法律赋予的权利和相关规划可能对雇主带来的影响;另一方面,规划师要指出对方团体规划思路中的偏见,完成类似于法庭盘问的工作[②]。

(3) 规划师应肩负起支持弱势群体的社会责任

达维多夫认为平等和公正是人类社会的共同目标,规划师不仅需要承担城市建设的任务,还应肩负社会进步的责任。他提到,由于规划界长期以来对社会问题的忽视,现有规划制度中不顾社会底层人的需求,导致弱势群体的利益受到损害,因此,需要规划师帮助公民尤其是低收入家庭和少数民族等弱势群体去谋求更多的权利和机会。

(4) 规划师应转变工具理性的思维方式

达维多夫提出了两种转变规划师思想的方式。一是构筑完整的城市知识领域。他认为一个被土地利用和物质形态规划思路束缚的规划师不

[①]　DAVIDOFF P. Advocacy and Pluralism in Planning[J]. A Reader in Planning Theory,1973,31(4):277-296.

[②]　于泓. Davidoff 的倡导性城市规划理论[J]. 国外城市规划,2000(1):30-33,43.

是一个城市规划师,只能算是一个土地规划师或物质规划师,建议规划师专业应覆盖整个公共领域和各类学科背景,以此来充实规划结构体系。二是改革规划师的教育。除需培养规划师的专业规划技能外,还需要培养规划师多元的技能,如辩论、谈判技巧,来适应扩大的规划领域需求。

2. 影响和意义

在多元化思潮背景下,倡导性规划作为对传统理性规划范式的一次重大变革,提出了真正意义上的公众参与规划思想。它审视并重新定义了规划师的职责和义务,从此转变了规划师"精英式"的工作方式,提出了城市规划的社会属性,树立了城市规划作为一种社会工作的工作范围和工作程序。达维多夫在倡导性规划中提出了一些具有进步意义的社会思想,如通过过程机制保证不同社会集团尤其是弱势团体的利益、公众参与决策规划的权力、城市规划的涵盖范围以及对规划师教育的改革等,这些观点具有积极的影响,成为公众参与的理论先导,此后,公众参与制度开始在西方各国被采纳和发扬,发展为现代城市规划重要的组成部分。

2.3.3　市民参与阶梯

1969 年,美国联邦政府顾问谢莉·阿恩斯坦发表的《市民参与的阶梯》①(A Ladder of Citizen Participation),是对美国城市规划公众参与发展历程的总结及展望,直观地划分了公众参与的不同程度。

1. 理论要点

阿恩斯坦将公众参与程度分为三种参与程度,共八个参与梯级,从低到高依次为:操纵、治疗、告知、咨询、安抚、合作伙伴、授权和市民控制(表 2-2)。其中,操纵和治疗属于无参与,其目的不是使民众参与,而是去教育和治疗参与者从而更好地控制民众;告知、咨询和安抚是象征性参与,在这些梯级,民众可以被告知、被倾听、提建议,但他们并不能决定公共政策;合作伙伴、授权和市民控制是有实权的参与,公民能够影响和决定公共政策。

2. 影响和意义

谢莉·阿恩斯坦的"市民参与阶梯理论"是对美国城市规划公众参与发展历程的总结及展望,它前瞻性地为我们提供了一种分阶梯认识公众参与的新方法,也是评价公众参与制度的尺度参考,在当时及现下都具有十分重要的理论借鉴意义。

---

①　ARNSTEIN S R. A Ladder of Citizen Participation[J]. Journal of the American Institute of Planners, 1969, 35(4), 216-224.

表 2-2 谢莉·阿恩斯坦提出的"市民参与阶梯理论"的内容和表现形式

参与程度	梯级	梯级名称	内容评价	表现形式
无参与 (Non-Participation)	1	操纵 Manipulation	阶梯的最底层,不是真正的公众参与,而是将参与扭曲成一种公共关系工具,公民被代表、被参与	邀请社会精英加入公民咨询委员会,会议上对公民进行教育、说服和建议,使操纵议程合法化
	2	治疗 Therapy	参与的目的不是为了帮助完善决策,政府组织参与的重点是治愈公民的"病理",而不是改变造成"病理"的各种社会与经济因素	安排公民参与大量活动,如实地调研、访谈
象征性参与 (Tokenism Participation)	3	告知 Informing	决策者于计划执行前将计划决策单向告知,因缺乏争取利益的程序、反馈渠道和谈判的权力,因此也无法对决策施加影响	新闻媒体、宣传册、海报和对询问的回应
	4	咨询 Consultation	公众的意见被倾听,但如果被咨询者提供的意见在决策中不予采纳,仅用参会人数或调查问卷份数来衡量参与程度,仍属于象征性参与	民意调查、社区会议和公开听证会
	5	安抚 Placation	公众被允许提出建议或制订计划,但政府具有判断公民的建议合法性或可行性的权利,虽然他们广泛地"参与",但并没有获得超出权力人决定的安抚外的其他利益	协商会议、利益相关者谈话
有实权的参与 (Citizen Power Participation)	6	合作伙伴 Partnership	公众可通过雇佣自己的专业人员和社区组织来与权力所有者进行谈判,并通过设立委员会或制定协商机制等方式对权力进行分配。在这种规则下,一旦在决策通过后不能单方面进行更改	成立合作组织
	7	授权 Delegated Power	权力所有者与公众分享决策权,包括两种典型模式,一种是通过协商,将主导决策权由权力中心转移到公众;另一种是公众和权力所有者组成独立且平行的团体,公众可以行使否决权	公开投票
	8	市民控制 Citizen Control	公众可以完全控制政策制定和项目管理,并且有能力排除外界干扰进行独立协商	自主管理

资料来源:作者根据谢莉·阿恩斯坦提出的"市民参与阶梯理论"总结。

　　由于时代和国情差异,谢莉·阿恩斯坦所提的八个梯级具有一定的局限性,在后来的实践中,诸多学者也对其进行了修正和深化。如安迪·哈德森-史密斯(Andy Hudson-Smith)等人于2002年提出的"电子参与阶梯理论"①是基于决策过程中政府在网络环境中赋予公民权力的层次而划分参与程度的,是对谢莉·阿恩斯坦提出"市民参与阶梯理论"的进一步深化研究。

2.3.4　沟通性规划

　　沟通性规划又可称为联络性规划,产生于20世纪90年代,代表性人物有福雷斯特、萨格尔和英尼斯等,提出规划中应通过沟通互动的方法来促进公众参与,保证规划决策的开放民主。

1. 理论要点

　　不同地域和国家的思想背景和面临的社会问题不同,沟通性规划在欧洲和北美等地虽有着不同的形态,但却会有一些相同之处。综合多位学者的观点,"沟通性规划理论"的主要观点如下。

　　(1)规划师的角色从"向权力讲授真理",变成"参与决策权力"②

　　在规划过程中,规划师的作用是多方面的:

　　①规划师是前瞻发动者,他们提出新主张,并推动建立共识、达成协作和实现目标。②规划师是组织者,他们对实现规划的过程进行设计,寻找解决问题和实现规划的关键力量,组织他们一起交流协商。③规划师是协调者,他们倾听各利益相关者的意见,进行积极并有成效的调解,以求达成共识。④规划师是联络员,寻找不同专业领域专家发表意见,力求全面反映全社会的观点。⑤规划师还可以是穿梭外交者,作为第三方基于技术优势对参与者们提出有效建议,使其明确自身的利益,以技术理性得到各方理解。

　　(2)沟通规划的理性原则

　　美国加州大学伯克利分校的城市和区域发展研究所所长英尼斯认为沟通规划需要尽可能接近以下几条原则:

　　①所有议题中的重要利益相关者代表必须到场。②充分和平等地告知每一个利益相关者并能代表其利益。③所有参与者必须得到平等赋权。④讨论必须以好的理由被持续推进,所以一个好的论题是重要的动力。

---

　　①　HUDSON-SMITH A, EVANS S, BATTY M, et al. Online Participation: The Woodberry Down Experiment[J]. Centre for Advanced Spatial Analysis, 2002, 12: 26.

　　②　张庭伟. 从"向权力讲授真理"到"参与决策权力"——当前美国规划理论界的一个动向:"联络性规划"[J]. 城市规划,1999(6):33-36.

⑤讨论必须允许所有的主张和假设能被质疑,同时所有的约束条件能被检验。⑥为了方便参与者能评估发言者的主张,发言要满足真诚性、真实性、合法性、可理解性和准确性要求。⑦参与团队应达成共识①。

(3) 规划是一个动态的过程

沟通性规划强调规划的过程属性,规划不再是一个终极的状态和目标,这种"动态"包括两方面:一方面是规划面对的城市问题不断变化,要相应地动态调整规划;另一方面是将规划视为一个交往和协商的过程,随着参与的不断推进,参与方越来越深入地了解城市问题,不断修正自己的观点和立场。这个动态的过程正是规划的作用,使各参与方得以沟通、协商和协调,从而消除或减少分歧和达成共识。

2. 影响和意义

作为城市规划领域公众参与的重要思想,"沟通性规划"并不是针对普通公众的,而是针对规划师提出的,它为城市规划中的公众参与提供了方法基础,使规划师认识到不应再简单地通过图纸去影响当权者决策,而应运用联络互动的方法使公众参与决策中,通过与多元主体共同工作使得整个决策过程开放民主。

2.3.5　协作式规划

协作式规划产生于 20 世纪 90 年代,代表人物为英国城市规划师希利。"协作规划理论"可以被看作"沟通规划理论"的后期发展形态,强调通过场所中多元网络的社会互动,实现决策内容与制定过程的融合与统一。

1. 理论要点

(1) 理想的治理模式

希利认为所有规划活动都包括交互活动和某种管治过程,他尝试建立了一种新的协作性治理理念,提出为了实现该理念,政府部门既要提供制度硬件设施来限制和修正主导权力,又要提供建立关系网络的制度软件设施来促进相互学习,建立广泛共识,从而发展社会资本、智力资本和政治资本,促进各种社会关系的协调。如何将制度硬件的设计、权力关系变更后引起的内部冲突以及体现出地方性的制度软性设计相结合是要解决的关键难题,可持续性的制度设计不仅要使个体之间配合默契,还应与多种情境良性互动。

---

① INNES J E. Information in Communicative Planning [J]. Journal of the American Planning Association, 1999, 64(1): 52-63.

（2）"辩论—分析—评定"的协作式规划方法

协作式规划要求利益相关者进入规划程序，不同的产权所有者（Stakeholder）采用辩论（Argumentation）、分析（Analysis）与评定（Assessment）（即 AAA）的方法，通过合作达成共同目标。这些参与主体包括决策者、规划师、专家、开发商、利益相关者和公众。参与的质量受参与者的数量和参与程度的影响，而后者起决定性作用。在协作式规划过程中，尽可能弱化政府的强制性管理，采用多方协作管治方式制定策略。协作管治关系包括社区伙伴关系和市场伙伴关系两种，前者侧重于社会政治权利的维护，保障弱势群体的利益；后者侧重于建立市场化机制，在政府、企业或公众间设立协议保障协作关系实施，避免无序竞争，减少利益主体间的冲突。

（3）衡量多元参与和民主治理的指标

希利提出为了保障协作式规划过程中的多元参与，其系统性制度设计需要满足以下原则。①利益相关者的范围应考虑地方和城市区域的环境变迁、地方社会网络、文化多样性、价值多样性以及内外的复杂权力关系等因素。②大部分的治理都发生在政府的正式机构之外，因此应将权力扩展到政府机构之外的领域，同时又不新增权力不平等的壁垒。③应为创新的治理模式提供可能性；鼓励组织方式和风格的多样性，不能将单一的命令强加于丰富的社会经济活力；应积极培育新型组织构架关系，而不是政府决策和行动计划间简单的线性联系。④设立持续和开放的问责机制，使政府相关部门都能参与谈论，以便理解决策背后的情境，了解各利益相关者的考量，同时对历史和未来的挑战进行评判性思考[1]。

英尼斯和大卫·布尔（David Booher）提出，协作式规划过程应有三个层面的效益：①社会资本（建立的信任和互动关系）、智力资本（相互的理解和达成的共识）、政治能力（在体制中共同工作达成协议的能力）、高质量协议和创新战略；②新的合作关系、合作方案、协议的实施、实践中的改变和参与者认知的变化；③新的协作、更多的共同进步、新机制的建立以及新的法规等。基于这三个层面的效益，建立了针对协作式规划过程和成果的评价指标[2]。过程指标侧重于自主性、高参与度和相互学习，成果指标侧重于建立创造性和长期的关系。该评价指标不仅关注规划方案和过程本身，也关注规划结束后的关系和机制的建立，保证了规划实施的持续

---

① HEALEY P. Collaborative Planning：Shaping Places in Fragmented Societies［M］. London：Macmillan，1997.

② INNES J E，BOOHER D. Consensus Building as Role Playing and Bricolage：Toward a Theory of Collaborative Planning［J］. Journal of American Planning Association，1999，65（1）：9-26.

性①(表2-3)。

表2-3 英尼斯和布尔的协作式规划评价指标①,②

评价阶段	评价指标
过程	• 是否包括各重要利益团体代表 • 是否有各参与者都认可的明确且现实的目标和任务 • 是否是自主组织的,允许参与者决定基本原则,自发形成工作团队和组织讨论题目 • 是否保证参与者较高的参与度,使其愿意参与讨论,保持对议题的兴趣 • 参与者是否通过深入的讨论和过程中非正式的互动,学习相互的经验和知识 • 是否对现状进行反思,促进了创造性的思考 • 是否整合了各种形式的高质量信息,确保形成的共识有意义 • 在充分讨论各种关注点和利益点之后,是否寻求参与者之间的共识,是否对各种不同的关注点和利益点都有考虑和回应
成果	• 是否形成了高质量的共识 • 与其他规划方法相比是否有更好的成本和效益 • 是否产生了创造性的建议 • 是否存在相互学习,是否带来了团队内部和外部的变化 • 是否创造了社会资本和政治资本 • 是否形成了利益相关者能够理解和接受的信息 • 是否形成了从态度、行为、合作关系到新机制的梯度变化 • 机制和实践的结果是否灵活,使社区能够更加有创造性地应对挑战和矛盾

2. 影响和意义

希利的协作式规划理论建立在德国哲学家尤尔根·哈贝马斯(Jurgen Habermas)的"交往行为理论"基础上,同时受到英国著名社会理论家安东尼·吉登斯(Anthony Giddens)的"制度主义社会学"和"结构—行为理论"的巨大影响,因此它除了强调多方参与、协调利益外,更注重制度建设,这是协作式规划较沟通式规划的一大进步。

20世纪90年代,以沟通式规划和协作式规划为标志的公众参与是规划体系内部变革的结果③。自此以后,规划领域的公众参与开始走向成熟,西方国家逐步完成了从理性综合范式向协作交往范式的理论与实践的转型④。

---

① 刘刚,王兰.协作式规划评价指标及芝加哥大都市区框架规划评析[J].国际城市规划,2009,24(6):34-39.

② INNES J E, BOOHER D. Consensus Building as Role Playing and Bricolage: Toward a Theory of Collaborative Planning[J]. Journal of American Planning Association, 1999, 65(1):9-26.

③ 陈志诚,曹荣林,朱兴平.国外城市规划公众参与及借鉴[J].城市问题,2003(5):72-75,39.

④ HEALEY P. The Communicative Turn in Planning Theory and Its Implications for Spatial Strategy Formation[J]. Environment and Planning B: Planning and design, 1996, 23(2):217-234.

第三章

参与式社区更新的
相关理论与经验

3.1 相关理论分析与借鉴

在城市增量扩张时代,我国规划师主要参与完成的是"蓝图"式的住区规划,面对存量型社区更新规划中复杂的社会、经济和文化问题,显得经验和准备相对不足。虽然部分重点城市已经有了诸多实践,但总体而言还处于探索阶段,仍需要对参与式社区更新规划的理念和方法进行创新思考。鉴于此,本书对社区更新和社区规划的相关理论进行解析。其中城市交往理论为社区更新中重建社会交往关系提供社会学角度的理解和分析框架;社区发展理论为物质规划与社会规划相融合提供路径支撑;社区资本理论以全面的构成要素来衡量社区,支撑"资产为本"的社区发展路径研究;社区赋权理论用作解析社区自组织培育过程中,赋权的各种不同表现形式及其相关的根源与障碍;行动者网络理论是将更新规划转译成多方行动者参与组构途径的方法基础;空间正义理论用来为老旧社区空间正义关键机制提供依据。当然,近年来互联网新时代带来的社区"脱域化"现象也是面临的新问题。

3.1.1 城市交往理论

城市交往思想是美国芝加哥学派关于城市理论阐述中的重要组成部分。有别于传统以乡村为主要载体的单纯的交往关系,城市交往理论将城市作为有机体进行研究,剖析城市和城市社区中的人际交往关系特征及其动因,并由此建立了城市社会学。城市交往思想根植于乔治·齐美尔(Georg Simmel)和查理斯·库利(Charles Cooley)的都市精神生活理论和首属群体理论,又由帕克、路易斯·沃斯(Louis Wirth)等人继承和发扬。

1. 都市精神生活理论和首属群体理论

齐美尔的都市精神生活理论从心灵与互动角度提出新的空间思想。齐美尔认为,影响大城市人的个性特点的根本因素在"表面和内心印象的连接不断地迅速变化而引起的精神生活紧张";相对地,农村和小城镇的生活是感性、缓慢和平淡的,"是建立在情感和自觉的关系之上的"[①]。理性是

---

① 齐美尔.桥与门——齐美尔随笔集[M].宋俊岭,涯鸿,宇声,译.上海:上海三联书店,1991:260.

大城市人们应对精神生活紧张的方式,大城市人"用头脑代替心灵做出反应",理性体现为对金钱的计算和对时间的计算,使人们变得傲慢、矜持和冷漠①,②。

库利的首属群体理论从人际关系角度理解城市与乡村的特性。库利在 1900 年出版的《社会组织》(Social Organization)中将首属群体(Primarty Group)定义为最初步、最简单的社会组合形式,如远古时期的原始人群、现代的家庭、邻里、儿童游戏群伙等,对个人的理想和个性起着基本的作用③。首属群体在形成人的社会性(Social Nature)和理想(Ideals)方面有着重要意义,它给予人最早和最彻底的社会团结(Social Unity)的经验,并使人发展出爱、自由和正义等观念。

在工业化和城市化浪潮下,城市中的邻里关系正被一种更为广泛、复杂而冷漠的次级关系取代,让"我们与住在同一栋房子里的人成为陌生人"④。大城市交往形式的转向以及首属群体的变化成为芝加哥学派观察城市的基本出发点。

2. 芝加哥学派的交往思想

芝加哥学派以帕克为基础,由沃斯等学者发展,对城市社会学理论的发展起到奠基的作用。

帕克将"城市当作一个实验室或者诊疗所⑤",以人文生态学理论阐述地方组织的重要性。帕克认为,现代以劳动分工为主的工业组织形式替代了传统以家庭、学校和教堂为主的组织形式,加深了人们对其所属社区的依赖。他将这种组织形式称为"社区的生态体制形式"。受到齐美尔和库利的影响,帕克在《城市:有关城市环境中人类行为研究的建议》中提及:"在城市中,尤其是大城市中,人类联系较之在其他任何环境中都更不重人情,而重理性,人际关系趋向以利益和金钱为转移。"⑥城市社区中个人交往以间接的、次级的关系取代直接的、面对面的、首属的关系⑦;城市交通和通信工具使人快速流动,人们互相接触的机会大大增加,但这种接触变得更短促、更肤浅。因此,城市社区往往以某种随地理、交通和地价

① 李瑞. 论芝加哥学派的传播思想[D]. 武汉:华中师范大学,2019.

② 林荣远. 社会是如何可能的:齐美尔社会学文选[M]. 桂林:广西师范大学出版社,2002.

③ 向洪,张文贤,李开兴. 人口科学大辞典[M]. 成都:成都科技大学出版社,1994.

④ COOLEY C H. Social Organization:A Study of the Larger Mind[M]. New York:C. Scribner's Sons,1929.

⑤ 帕克,伯吉斯,麦肯齐. 城市社会学:芝加哥学派城市研究[M]. 宋俊岭,郑也夫,译. 北京:商务印书馆,2012.

⑥ 帕克. 城市:有关城市环境中人类行为研究的建议[M]. 杭苏红,译. 北京:商务印书馆,2016.

⑦ PARK R E,Burgess E W. Introduction to the Science of Sociology[M]. Chicago:University of Chicago Press,1970.

而定的特殊方式聚集组合起来,形成了具有异质性的同质化社区,来自首属群体和亲密关系的道德秩序在城市人们身上逐渐瓦解,导致城市问题的产生。

沃斯继承并发展了帕克的思想,于 1938 年发表了《作为一种生活方式的都市主义》。沃斯将城市视作"一个规模较大、人口密集的异质个体的永久居住地①"。沃斯的城市生活理论涵盖了社会心理和社会结构两个层面,人口数量、人口密度和个体的异质性是影响两个层面变化的原因。在社会心理层面,人口数量、密度和个体异质性的变化会造成过度刺激,使城市人际关系冷漠和世俗化,理性成为人际交往的核心原则,人与人之间保持公立关系,导致社会失范(Anomie)或社会空洞化(Social Void)。在社会结构层面,群体日益分化,首属群体凝聚力降低,社会意识和社区连接瓦解,次级关系取代首属关系②。

3. 理论借鉴:城市社区的交往关系重建

齐美尔、库利与芝加哥学派学者的城市交往理论解释了城市中社会心理与空间结构的关系,首属群体理论也为社区更新提供了城市社会学角度的理解和分析框架。

我国单位社区的产生和瓦解可以用城市交往理论进行解释。单位社区是我国老旧社区类型中重要的一部分,包括工厂单位社区、教育单位社区以及行政事业单位社区等。社区内居民关系密切,大多为同事,其子女更是从小一起成长的玩伴,居民间产生了首属关系或比次生关系更为密切、介于首属关系和次生关系之间的联系,社区共同体因此容易形成。在国家政策的引导下,一部分企业单位对单位社区的物业管理脱钩,交由社会管理,此时尚未对社区结构产生影响,社区空间和活动仍保持着原有的运作规律。但随着生活水平提高,社会化的物业管理无法满足居民的需求,社区环境老旧又促使部分居民搬离单位社区,将原有房屋出售或租赁,单位社区向商品社区转化。原有单位社区的首属关系断裂,居民间交往和互动频次降低,次生关系逐渐取代首属关系成为此类老旧社区的组织特征,社区隔离成为老旧社区更新在社会心理和社会结构层面亟待解决的问题。其他国家试图在社区更新中减少社区隔离:在英国硬币街社区更新案例中,居民自发组成"硬币街行动小组"(Coin Street Action Group, CSAG),在商议社区更新方案的过程中重构了社区内和谐包容的多方关系;社区组织在应对华盛顿沃德七区的更新项目中不断推进社区发展和建设,促进居民参与更新,鼓励和帮助低收入阶层、老人和儿童,唤起居民的社区归属

---

① 沃斯,赵宝海,魏霞. 作为一种生活方式的都市生活[J]. 都市文化研究,2007(1):2-18.
② 李瑞. 论芝加哥学派的传播思想[D]. 武汉:华中师范大学,2019.

感。我国推行的社区规划师制度和社区组织的目标相似,旨在通过规划师在社区更新中扮演协调、建议、组织和促成者的角色,打破当前社区内陌生和僵化的次级关系。

3.1.2　社区资本理论

1995 年,世界银行提出了一项衡量国家(地区)财富的新标准,即国家财富的 20% 是自然资本,16% 是经济资本,剩余的 64% 是人力及社会资本[①],不仅考虑了国民生产总值、人均收入等传统因素,而且非常重视自然资源的利用和劳动力价值等因素。2001 年,特雷弗·汉考克(Trevor Hancock)根据新的财富概念,提出了社区资本概念,他认为社区资本是社区的社会、生态、人力以及经济四种资本的综合[②]。

1. 理论内涵

社会资本(Social Capital)是将社区凝聚在一起的"黏合剂",既包括非正式的社会网络,又包括正式的社会发展计划。社会凝聚力和公民意识就源于社会网络、社会参与以及制定决策的治理过程。此外,社会资本还包括确保人们平等地获得和平与安全,以及食品、住房、教育、收入和就业等基本生活需求权利的社会投资。

生态资本(Ecological Capital)包括高质量的环境、健康的生态系统、可持续的资源以及野生动物栖息地和生物多样性的保护等。

人力资本(Human Capital)是指参与社区事务和社区治理的人群,其特征是健康的、受过良好教育的、有技能的和有创造力的人群。人力资本是以人为中心发展的核心目标。

经济资本(Economic Capital)是实现人力和社会目标的手段,它通过提供医疗、教育、社会服务以及公平的就业机会来满足多元主体的衣食住行。与此同时,增加经济资本的手段不能威胁到社会、生态和人力资本。

为了解释这四种资本的关系,汉考克构建了社区资本模型(图 3-1),模型中将人的发展放在中心位置,强调了以人为中心而不是以经济为中心的发展形式,人的发展应该是治理的中心目标,社会、生态和经济资本增加是为了增加人力资本,同时人力资本的发展也可以促进其他三种资本的增加。

诸多学者对该理论进行了深化研究,如丹尼尔·雷尼(Daniel Rainey)

①　World Bank. Monitoring Environmental Progress (MEP) A Report on Work in Progress [R]. World Bank, Washington DC, 1995.

②　HANCOCK T. People, Partnerships and Human Progress: Building Community Capital [J]. Health Promotion International, 2001, 16(3): 275-280.

图 3-1　社区资本模型

资料来源：Hancock T. People, Partnerships and Human Progress：
Building Community Capital[J]. Health Promotion International，2001，
16(3)：275-80.

等将社区资本分为物质资本、人力资本和社会资本[①]。罗纳德·弗格森
(Ronald Ferguson)等将社区资本分为物质资本、人力资本、社会资本、金融
资本和政治资本[②]。美国阿卡迪亚大学商学院的伊迪丝·卡拉汉(Edith
Callaghan)等认为社区资本包含环境资本、人力资本、社会资本、文化资本、
结构资本和经济资本，并认为环境资本是社区发展的基础，人力资本是社
会和文化资本的基本构成，社会资本能有效促进文化资本的发展，经济资
本建构在结构、文化和社会资本之上[③]。美国学者加里·保罗·格林(Gary
Paul Green)将社区资本分为物质资本、人力资本、社会资本、经济资本、政
治资本、环境资本及文化资本[④]。中国学者黄瓴等人认为城市社区资产包
括生态资产、物质资产、文化资产、人力资产和社会资产(表 3-1)，当社区资
产进入更新过程并实现价值增值并产生经济、社会及文化等收益时，即可
认为是社区资本[⑤]。

　　① RAINEY D V，ROBINSON K L，Allen I，et al. Essential Forms of Capital for
Sustainable Community Development[J]. American Journal of Agricultural Economics，2003，85
(3)：708-715.
　　② FERGUSON R F，DICKENS W T. Urban Problems and Community Development[M].
Washington，DC：Brookings Institution Press，1999.
　　③ CALLAGHAN E G，COLTON J. Building Sustainable & Resilient Communities：A
Balancing of Community Capital[J]. Environment，Development and Sustainability，2008，10(6)：
931-942.
　　④ GREEN G P，HAINES A. Asset Building & Community Development[M]. Los Angles：
Sage Publications，2008.
　　⑤ 黄瓴，骆骏杭，沈默予. "资产为基"的城市社区更新规划——以重庆市渝中区为实证[J].
城市规划学刊，2022(3)：87-95.

表 3-1 城市社区资产构成

资产类别	构成要素		主要内容	特征表现	资产特点	社区更新中的作用
生态资产	气候气象		风向、雨雪、洪潮等	干湿度、阴晴度、季节性、地区性等	显性＋隐性资产，部分可维持较长资产状态	社区生态本底，社区发展的基础支撑
	绿地植被		绿化草坪、灌木花草、观赏盆栽	绿化率、丰富度、均衡度、使用率等		
	树木		庭萌树、行道树、崖壁树等	观赏性、活动性、互动性等		
	河湖湿地		河流湖泊、水库坑塘、沼泽滩地等	观赏性、安全性、互动性、品质等		
物质资产	建成环境	交通	交通类别(车行/公共/人行/静态)、路面、起讫点、出入口	长宽比、可达性、安全性、拥堵率、使用率等	显性资产，大部分不可移动，资产的实物空间载体，维持性较差，需要依赖长期投资	社区更新的基础行动对象，社区发展的底线与基础
		建筑	年代、结构、功能、层数、界面、色彩、出入口、地下空间、可上人屋面、有无电梯等	风貌、质量、特色等		
		公共空间	景观环境、规模大小、等级层次、区位表现、空间品质等	连通度、可达性、安全性、使用度、活力度、闲置率等		
		公共设施	基础设施、市政设施、医疗/教育/文娱/体育/公园等公共服务设施、产业设施、环卫设施、便民设施、休憩设施等	完备性、安全性、使用率、活力度、品质性、覆盖率等		
	自然环境	地形地貌	坡/坎/崖/坝/梯/台等地形、山体、水体、土壤等	高差、品质、可达性、使用率等		
文化资产	文化载体	历史遗存	历史人/事物的空间载体、建成肌理	品质、保护程度、使用频率、熟识度、文化线路等		社区更新重要动力源与触媒点

续表

资产类别	构成要素		主要内容	特征表现	资产特点	社区更新中的作用
文化资产	文化载体	当代文化	雕塑小品、墙画造景、文创产品、宣传标识等	品质、保护程度、使用频率、熟识度、文化线路等	显性＋隐性资产,部分呈现空间结构性特征、美学意义强,是社区维系其他资产的纽带	社区更新重要动力源与触媒点
	文化活动	风俗人情	传统工艺、风土礼仪、习俗制度、语言、戏剧表现等			
		生活方式	日常活动、文艺表演、主题活动、流行行为等	生活线路等		
	文化精神	集体意识	历史沿革、社区品德、集体信仰等	生活态度、社区志、口述史等		
		居民记忆	历史记忆、生活记忆等			
		邻里氛围	和谐程度、自主意愿等			
		社区形象	社区品牌、文化形象等			
人力资产	社区居民		价值观、教育背景、年龄构成、身体/心理健康、专业技能、经验才艺等	领导力、投入度、贡献力、协作力、参与度、熟识度等	显性＋隐性资产,主观能动性强,动态变化大(长期/短期/偶然型)	社区更新的行动者和行动对象
	工作人员					
	志愿者					
社会资产	社区组织与机构		正式/非正式的社区团体(如舞蹈队、腰鼓队、巡逻队)、组织(如书画协会、棋牌社)、机构等	多样性、活力度、参与度等	隐性资产占主要,不受空间局限,依赖时间培育,可提供资金、政策	重要保障,社区更新成功的重要因素
	社会关系	居民与居民之间	亲缘关系、地缘关系、社缘关系等	信任度、和谐度、互动度、强关系、弱关系等		
		居民与社区之间	价值规范、信任体系等			
		社区与社区之间	合作互动、利益相关等			

续表

资产类别	构成要素		主要内容	特征表现	资产特点	社区更新中的作用
社会资产	社会网络	社区经济	经济基础、产业支持、产业环境等	多样性、持久性、特色性等	隐性资产占主要，不受空间局限，依赖时间培育，可提供资金、政策	重要保障，社区更新成功的重要因素
		社区区位	区位条件、区域关系等	联结度、通达性等		
		社区治理	政策环境、发展指向等	引导性		

资料来源：黄瓴,骆骏杭,沈默予."资产为基"的城市社区更新规划——以重庆市渝中区为实证[J].城市规划学刊,2022(3):87-95.

2. 理论借鉴:基于社区资产的社区发展模式

传统的社区发展模式一般是以"需求"为导向的,目标是改善社区所面临的各类问题。1993年,美国学者约翰·克雷茨曼(John Kretzmann)和约翰·麦克奈特(John McKnigh)在其出版的《社区建设的内在取向:寻找和动员社区资产的一条路径》(Building Communities from the Inside Out: A Path Toward Finding and Mobilizing a Community's Assets)一书中提出了基于资产为本的社区发展模式,其实质是一种内生型的社区发展,不再把社区的需求作为发展的重心,而是重视社区内部的资产和优势,追求以社区资产为基础、以社区关系为驱动力的内在的社区可持续发展。

基于社区资产的社区发展模式首先应该关注的是社区居民和社区团体的资产,而不是传统社区发展模式所认为的社区需求问题。社区发展应该关注社区居民、社团和机构解决问题的能力;社区发展过程是关系驱动的,要不断建立社区居民、协会和机构之间的关系。

在该模式下,社区更新的首要工作就需要对社区资产进行梳理和评估,根据社区自身资源条件,因地制宜地制定符合社区发展的规划和行动计划。如笔者基于上海市杨浦区辽源花苑社区更新提出了基于社区资产的老旧社区更新路径,包括资产地图绘制、更新组织确立、展望及行动计划制订和规划实施与评估等(图3-2)①。

---

① 匡晓明,李崛,陆勇峰.基于"资产为本"理论的老旧社区更新路径与实践[J].规划师,2022,38(3):82-88.

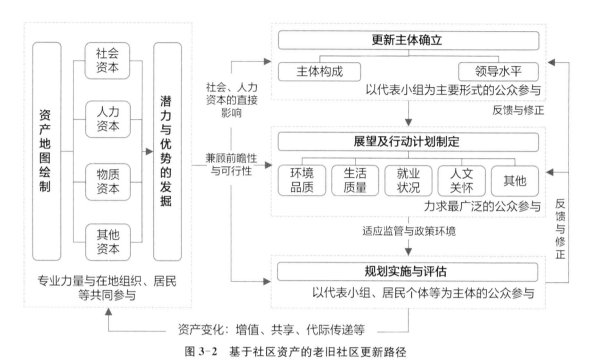

图 3-2　基于社区资产的老旧社区更新路径

资料来源:匡晓明,李崛,陆勇峰. 基于"资产为本"理论的老旧社区更新路径与实践[J]. 规划师,2022,38(3):82-88.

3.1.3　社区发展理论

　　1960 年,联合国出版的《社区发展和经济发展》(*Community Development and Economic Development*)一书系统探讨了亚洲农村社区发展项目对国家经济发展的贡献,并指出"社区发展是一种过程,是人民通过自己的努力与政府当局的配合,来改善社区的经济、社会和文化环境,把社区纳入国家生活中,从而对推动国家进步作出贡献"[1]。此后,社区发展理论的应用从发展中国家农村扩展到城市,也被很多发达国家认可并广泛应用,社区发展概念也逐渐转变为社区参与发展和社区参与等。

1. 理论内涵

　　随着社区发展理论在全球的广泛应用,西方学者对其进行了持续研究,认为社区发展既是一种过程,又是一种目标。

　　作为过程,社区发展是一种促进并培育社区资本的过程。桑德斯认为,社区发展是能够促进社区变迁的民主参与过程[2]。罗安达·华伦

---

　　①　United Nation. Community Development and Economic Development [M]. Bankok: United Nations, 1960.

　　②　桑德斯. 社区论[M]. 徐震,译. 台北:黎明文化事业股份有限公司,1982.

(Rloand Warren)认为,社区发展是一种为加强社区的内在关系而做的有计划的和持续的努力[①]。保罗·马蒂希克(Paul Mattessich)认为,社区发展主要是通过资源分配的过程,将居民聚集并达到改善生活品质的共同目的[②]。

作为目标,社区发展是实现一种目的的方法或工作方式。里昂·辛德(Leon Sinder)认为,社区发展是社区的成长与变迁,既指运用技术实现可量度的短期目标,又包括创造无形的、社会和人类发展的长期目标[③]。英国官方指出,社区发展是指通过社区各方集体行动的过程以确立社区需求,并采取符合需求的行动以期达成社会公正和符合特定目标的变迁。

在中国,社区发展的内涵与西方国家不尽相同。社会学领域多将"社区发展"称为"社区建设",一般是通过从上到下的政策拉动和从下到上的需求推动,通过人文关怀方法、客观合理技术和社会互动交流等手段的综合运用,进而发现社区需要和解决社区问题,促使社区按照一定的价值观念发展,是一种实现人居环境发展的社会运动[④]。在规划领域,赵民和赵蔚认为,社区发展包括主体、隐体、载体和连体四类要素的发展(表3-2),社区发展规划则是关于一定时期内社区发展的目标、社区发展的框架和社区发展的主要项目等总体性计划及其决策过程,其目的在于有效利用社区各项资源,协调社区各种关系,合理配置社区生产力资源,有计划地发展和完善居民的生活服务设施[⑤]。

表3-2 社区发展的基本内容

类型	社区发展要素	主要内容
主体	社区成员	人口自然信息、社会信息、生活水平
隐体	共同意识	保护意识、社区互动、社区服务、社区保障
载体	物质空间	物质生态环境、设施设置及使用情况
连体	社区组织	行政组织、社区组织、自治组织、管理运作

资料来源:赵民,赵蔚.社区发展规划——理论与实践[M].北京:中国建筑工业出版社,2003.

2. 理论借鉴:基于社区发展的社区更新路径

基于社区发展的社区更新,强调对社区更新过程的重视、对社区更新内容的补充和对社区更新方法的优化。

---

① WARREN R L. The Community in America[M]. Chicago: Rand Mcnally & Company, 1963.

② MATTESSICH P W. Community Building: What Makes It Work[M]. Minnesota: Fieldstone Alliance, 1997.

③ SINDER L. Concept in Community Development[M]. New York: Hinda Press, 1969.

④ 洪亮平,赵茜.从物质更新走向社区发展[M].北京:中国建筑工业出版社,2016.

⑤ 赵民,赵蔚.社区发展规划——理论与实践[M].北京:中国建筑工业出版社,2003.

（1）社区更新过程的重视

基于社区发展的社区更新，强调社区更新过程的持续性和动态性，应系统全面地把握社区更新过程中的问题，并分清主次问题。针对社区更新阶段，拟定一个长期的发展目标并分期实施，渐进地引导整个社区更新过程。

（2）社区更新内容的补充

强调社区更新内容的系统性和全面性，既包括物质层面的更新，不仅提升社区环境和增设公共设施，又包括提升社区经济、社会和人文等方面的综合复兴，如培育社区意识和发展社区文化等。

（3）社区更新方法的优化

优化社区发展工作中的方法，如在社区更新实施前重视前期调研、数据分析和公众参与；在社区更新过程中施行反馈机制，不断调整社区更新策略；针对社区更新中的主要问题，集中各方力量共同解决。

3.1.4　社区赋权理论

赋权一词的英文是 empowerment，又被称为增权、赋权增能或培力等，最早源自巴西成人教育学家保罗·弗莱雷（Paulo Freire）于 20 世纪 60 年代在第三世界推广的"批判的教育学"。实践运用中的赋权思想源自第二次世界大战后美国市民权利运动和妇女运动的兴起，公民开始关注个人权利的获取和使用。1976 年，美国社会工作专家巴巴拉·所罗门（Barbara Solomon）完成了对赋权的系统论述，提出"无权群体通过赋权可以消除权利障碍，减少无权感，达到提升自我、增加权能的目的"，后被广泛运用于各个领域。

1. 理论内涵

社区赋权是将资源和权利给予社区，通过激发社区居民参与社区事务的积极性和参与意识，提升集体议事和行动能力。目前对赋权理论的研究主要从两个角度开展，第一种是从过程的流程视角，分析不同维度赋权的流程和结果评估；第二种是从"权力"的来源视角，分析自我赋权和外界赋权这两种类型和方式[①]。

（1）过程的流程视角

社区赋权的过程不是一蹴而就的，其实现过程涉及空间实践主体角色的转变以及发挥作用方式的转变，本质上包括纵向的放权与横向的能力培育[②]。具体来说，社区赋权的过程需要经过前期、中期和后期三个不同的阶

---

① 陈伟东. 赋权社区：居民自治的一种可行性路径——以湖北省公益创投大赛为个案[J]. 社会科学家. 2015（6）：8-14.

② 张国芳, 蔡静如. 社区赋权视角下的乡村社区营造研究——基于宁波奉化雷山村的个案分析[J]. 浙江社会科学, 2018（1）：91-101.

段。①前期阶段。社区居民可能还处于无意识或低意识水平,此时的社区赋权主要由政府部门主导和推动,包括资本注入、经验分享和人才引入等,以提高社区居民参与的积极性,动员和吸引利益相关者参与建设社区。②中期阶段。权利机会逐渐由政府转移到社区成员和社区团体组织,社区居民的参与意识和社区公共活动的能力都有一定程度的提升,但还需加强政府与社区的合作。一方面,政府提供机会让居民和当地组织成为参与的主体,通过增强居民信心、增加就业机会以及提高居民社会地位来确保居民持续的参与。政府也要发觉社区潜在领导者,促进社区能力的逐步成长。另一方面,社区外部环境的建设以及社区协作能力的培育都是提高社区自我管理、确保居民参与社区管理的关键①。③后期阶段。政府的干预逐渐退出,社区能力逐渐增强,尤其是社区居民参与的积极性以及处理事务的能力都有一定的提升,社区通过赋权评估、权利扩充和巩固促进社区自我发展。

赋权的结果是指经过权利的赋予,人们能够认识和获得掌控其社区生活的能力,不同主体的社区赋权具有不同的价值立场。社区赋权涉及个人、组织和社区三个层面②。个人层面的赋权是指个人对社区具体情况的参与力和资源调动能力提高,建立积极主动的参与动机和意愿,提升个人处理社区事务的能力。组织层面的赋权是指社区组织通过获取资源和完善内部结构,实现自我管理和成长,组织网络得到发展,影响力得到加强。社区层面的赋权是指社区基于获得的维护内部管理秩序以及与外部组织协作的能力,促进社区的可持续发展。

(2) "权力"来源视角

社区赋权有两种行动路径,即自我赋权和外界赋权,有的学者将两种路径称为主动增权和外部推动增权③,或自下而上赋权和自上而下赋权。前者是通过自组织动员居民参与以形成集体行动,并增强社区治理能力④,这个过程是在获得政府部门授权的情况下,社区直接转变为参与者与行动者。后者是通过政府推动和国家赋权,培育和引导社区组织和社区居民参与社区事务,增强社区自治能力。

理想状态下,纵向的权利下放和横向的社区能力培育相结合不存在冲突。行政体系内的空间改造权力通过正式化路径转向街道和社区层面时,

① PENELOPE H. Capturing the Meaning of "Community" in Community Intervention Evaluation: Some Contributions from Community Psychology[J]. Health Promotion International,1994(3): 199-210.

② ZIMMERMAN M A. Empowerment Theory: Psychological, Organizational and Community Levels of Analysis[M]// RAPPAPORT J, SEIDMAN E. Handbook of Community Psychology. Netherlands: Kluwer Academic Publishers, 2000: 43-63.

③ 范斌. 弱势群体的增权及其模式选择[J]. 学术研究, 2004, (12): 73-78.

④ 杨宏山. 城市社区自主治理能力提升的新路径[J]. 人民论坛, 2021(14): 33-35.

则宣告赋权完成。但社区赋权在实践过程中,由于社区组织在赋权职能上存在矛盾和局限而陷入赋权悖论。社区赋权是否成功受到社区意识、社区能力和伙伴关系网络的影响。居民的社区意识越强,社区赋权感也越高①。社区能力在赋权中体现为"增进社区改善其生活的资产和属性"②,包括人力资本、组织资源及社会资本的互动,社区赋权的成功依赖社区内部资源的整合、内部积极性的调动以及多元途径解决问题能力的提升。赋权后的社区需要通过有效的外部网络支持来建立良好的外部环境,与社区外的个人或团体、政府部门以及社会组织建立良好的合作关系。

2. 理论借鉴:参与式社区更新规划中的社区赋权

参与式社区更新规划中,当参与者处于"无权"或"弱势"地位时,需要通过赋权提升参与者的参与程度。赋权是一个复杂的转型过程,参与式过程中可赋予参与者掌控力量、应对力量、协作力量和内部力量③。具体来说:①掌控力量指能够突出表达自己所关注的问题,并能在实践中影响设计任务的能力。而不同社群之间存在不可逾越的隐藏边界,不平等权力可能会使某些参与者丧失表达权。因此,赋权过程要为社群中每个人提供实质性渠道来进行积极表达。②应对力量指能够理解自己关心的问题,并具有思考工作框架和设计解决方案的能力。但赋权过程存在的障碍是不同社群的表达方式较难互相适应。因此,可以通过分享、讲解和演示为不同社群提供多种交流模式。③协作力量指与他人建立联系并共同行动以实现一系列目标的能力。在赋权过程中,要帮助社区建立促进合作行动的空间载体、公共事件和行动规范等社会政治环境,帮助参与者发展和转化为伙伴关系。④内部力量指转化自己内在知识和资源运用在执行设计任务中的能力。赋权过程遇到的障碍是个人及社群之间难以共享利益、价值观、资源及实践经验。因此,赋权过程应为参与者提供分享和沟通机会,促进社区融合。

3.1.5 行动者网络理论

行动者网络理论发端于20世纪80年代法国巴黎高等矿业学院的创新社会学中心,由法国巴黎学派代表米谢尔·卡隆(Michel Callon)提出,主要

① SPEER P W. Intrapersonal and Interactional Empowerment: Implications for Theory[J]. Journal of Community Psychology,2000,28(1):51-61.

② 孙奎立."赋权"理论及其本土化社会因素分析[J].东岳论丛,2015,36(8):91-95.

③ ZAMENOPOULOS T,LAM B,ALEXIOU K,et al. Types,Obstacles and Sources of Empowerment in Co-design:The Role of Shared Material Objects and Processes[J]. CoDesign,17(2):139-158.

理论家还有布鲁诺·拉图尔(Bruno Latour)和约翰·劳(John Law),其中拉图尔的著述最多,影响较大。

1. 理论内涵

该理论主张科学知识与技术的建构不只是由社会(利益)决定的,而是由人(社会)和非人(工具、物、被研究的对象)相互之间所构成的异质网络来决定,这是一种用于研究相关参与者之间的互动关系、彼此作用及其影响的全新视角和理论工具[①]。该理论认为,社会活动的形成由具有异质性的"行动者"(Actor)参与并完成,不同行动者之间存在的差异性可以有效发挥作用,并在参与中实现所需利益,由此形成了一个紧密、可变且相互联系的异质性网络(Heterogeneous Network)。

拉图尔将行动者、异质性网络和转译(Translation)视为行动者网络理论的三个核心。其中,行动者是指在认知论的层次上,人和非人的科技、机构、市场主体等异质性要素,行动者具有同等的能动性,空间利益体现了行动者网络理论的一般对等原则。异质性网络是指异质行动者通过转译而形成的网络联系,所有资源集中分布于各自的节点上,当网络中的转译越频繁,联系就越紧密,网络密度就越大、越复杂,扩展的范围也越大[②]。转译作为行动者网络理论的核心,是建立行动者网络的基本途径。卡隆认为,行动者网络的建立依赖于"五个转译的关键":问题呈现(Problematization)、利益赋予(Interessement)、征召(Enrollment)、动员(Mobilization)和异议(Dissidence)[③]。问题呈现是指核心行动者通过将不同行动者的关注对象问题化,指出各个行动者利益的实现途径,从而结成网络联盟,同时使核心行动者的问题成为实现其他行动者目标的强制通行点(Obligatory Points of Passage, OPP);利益赋予是通过各种策略办法将问题强化,界定行动者角色,于是行动者被"征召"成为网络联盟成员;动员即建议者上升为整个网络联盟的代言人(Spokemen),并对其他联盟者行使权力,以维护网络联盟的稳定运行,在此过程中需要克服可能出现的"异议"(图3-3)[④]。

① 刘文旋. 从知识的建构到事实的建构——对布鲁诺·拉图尔"行动者网络理论"的一种考察[J]. 哲学研究,2017(5):118-125,128.

② 拉图尔. 科学在行动:怎样在社会中跟随科学家和工程师[M]. 刘文旋,郑开,译. 北京:东方出版社,2005.

③ CALLON M. Some Elements of a Sociology of Translation:Domestication of the Scallops and the Fishermen of St Brieuc Bay[J]. The Sociological Review,1984,32(s1):196-233.

④ 刘宣,王小依. 行动者网络理论在人文地理领域应用研究述评[J]. 地理科学进展,2013,32(7):1139-1147.

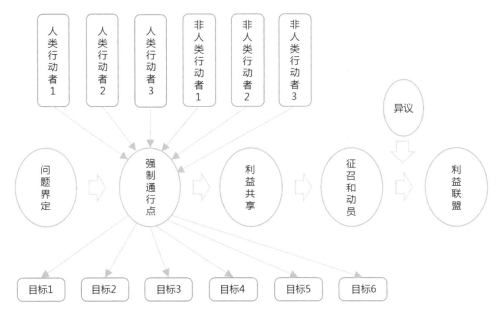

图 3-3　行动者网络转译过程

图片来源:刘宣,王小依.行动者网络理论在人文地理领域应用研究述评[J].地理科学进展,2013,32(7):1139-1147.

2. 理论延伸:行动者网络理论在社区更新中的应用

社区空间是凝聚多元社会关系的场所,具有物质性和社会性的双重属性。社区更新不仅是对物质空间的重构,也是一种激活社区治理的方式。社区更新过程涉及自然和社会的多元主客体相互作用,是行动者构成的网络通过交换问题、信息和诉求等,促进资源整合、有序分配的过程[①]。已有学者将行动者网络理论运用于城市治理、社区更新和社区营造等研究,成为剖析城市社区更新的内在机制、制定更新策略以及解决更新中的共性问题的方法基础。赵强认为,城市治理的动力机制主要来源于组构城市治理网络后形成的网络利益联盟,构建坚实的行动者网络利益联盟是城市治理成功的关键[②];刘澜波基于行动者网络理论对城市社区更新项目进行个案分析(图 3-4),厘清城市社区更新项目中合作生产得以生成的具体过程与内在机理[③];李佳敏等人基于武汉市某老旧社区的更新改造实践经历,提出社区更新改造过程应重视行动者之间的网络构建,在政府主导下发挥社区

① 李佳敏,郭亮.基于行动者网络理论的城市老旧社区更新研究[C]//中国城市规划学会,重庆市人民政府.活力城乡　美好人居——2019 中国城市规划年会论文集(02 城市更新).中国建筑工业出版社,2019:13.
② 赵强.城市治理动力机制:行动者网络理论视角[J].行政论坛,2011,18(1):74-77.
③ 刘澜波.城市社区更新项目中合作生产的生成机制——基于行动者网络理论的个案分析[J].未来与发展,2022,46(2):34-40.

居民及非政府组织的能动性,建立沟通平台和资源整合工具包,探索适用
于不同社区地段的更新模式[①];孙丽程以北京大栅栏社区营造行动事件为
研究对象,基于行动者网络理论构建分析框架,剖析事件背后的空间重构
逻辑与社区营造策略[②]。

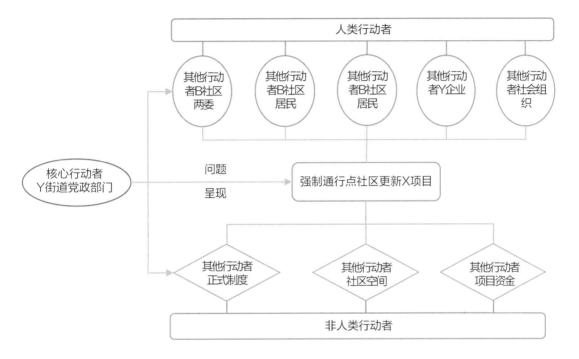

图 3-4　基于行动者网络理论的个案分析

图片来源:刘澜波.城市社区更新项目中合作生产的生成机制——基于行动者网络理论的个案分析[J].未来与发展,2022,46(2):34-40.

在社区更新中,参与式规划逐渐成为实现可持续社区共治的重要抓
手。通过规划设计师对专业图文转译成非专业的居民可解读的内容是社
区更新项目过程中的一个重要环节。规划转译通过建构规划论题,将更新
规划转化为一种多方行动者参与的途径,是凝聚共识和达成有效参与的关
键。在参与式规划中,问题呈现表现在规划师通过走访调查聚焦社区更新
问题与困境,明确规划方向;利益赋予是行动者网络运转的动力,而参与式
规划正是通过转译这一过程,与居民共享了公共空间共同谋划的权利,从
而改变了居民对于公共事务的被动状态,提升了居民对公共事务的责任

①　李佳敏,郭亮.基于行动者网络理论的城市老旧社区更新研究[C]//中国城市规划学会,重庆市人民政府.活力城乡　美好人居——2019 中国城市规划年会论文集(02 城市更新).中国建筑工业出版社,2019:13.

②　孙丽程.行动者网络理论视角下的社区营造策略研究[D].北京:中央美术学院,2020.

感,进而在高品质公共空间营造的同时使居民拥有了更大的认同感、归属感和获得感;征召和动员则表现在规划师组织社会力量,通过参与式规划设计手段如社区花园营造和社区农园营造等,激发居民参与规划设计和实施中来,促进社区可持续治理,在社区更新过程中往往会因利益冲突引发异议,规划师承担起政府部门、社会力量和居民等多方行动者之间的沟通桥梁,促成了网络利益联盟的形成。

3.1.6 空间正义理论

20 世纪 60 年代起,由西方国家广泛存在的社会不公问题引发了严重的城市危机,"城市病"和"贫民窟"等不断出现,以"城市"为主要载体的空间变迁、空间权力、空间异化、空间治理和空间秩序等问题日益引起学者们的关注。新马克思主义空间政治学派在批判西方城市空间排斥、空间剥削与空间压迫的过程中,出现了大卫·哈维(David Harvey)的"领地再分配式正义"理论、亨利·列斐伏尔(Henri Lefebvre)的"城市权利"理论与爱德华·苏贾(Edward Soja)的"空间正义"理论等流派,进而发展为较成熟的空间正义理论。

1. 理论内涵

空间正义的内涵可以从正义的空间辩证法和超越正义论争辩的空间正义两个角度来界定。

(1) 正义的空间辩证法

正义是具有空间维度的衡量方式,城市空间的生产中包括正义和非正义。

1973 年,哈维于在《社会正义和城市》中提出"领地再分配式正义"概念,并表述为"社会资源以正义的方式实现公正的地理分配"。哈维认为资本是城市和地区不公平、不正义的根本原因,实现正义的分配不仅需要关注分配的结果,还应关注分配的过程。

1974 年,列斐伏尔在其著作《空间的生产》中提出,城市居民因其居住者的身份而享有的控制城市空间生产的权力,即为"城市权利",它包括参与的权利和占有的权利两个方面。参与的权利是指针对国家权利掌握空间生产的情况而提出对空间生产权进行重构,使城市居民获得参与空间生产的权力并使居民意志能够完整体现在空间重塑的结果上;占有的权利是指居民不仅可以进入空间,还可以通过对空间的使用和占有实现对空间的再生产以形成具有多样性和差异化的满足居民需求的空间。

1983 年,戈登·皮里(Gordon Pirie)在《论空间正义》①一书中提出了

① PIRIE G H. On Spatial Justice[J]. Environment and Planning A,1983,15(4):465-473.

"空间正义"(Spatial Justice)一词,空间是事物发生和社会关系演变的容器,他关注的是正义的分配性,认为空间不仅是社会的产物,同时又生产了社会关系,其过程有可能是不公正的。2010年,洛杉矶学派的爱德华·苏贾(Edward Soja)深入细致地论证了空间正义思想,在《寻求空间的正义》一书中首创了"三元辩证法"理论,指出正义包含了空间性、历史性和社会性三大特点,他首先让人们意识到人是一种空间的存在,人的问题究其实质是空间问题。空间中充满了权力、政治和意识形态,不正义的空间是由社会性因素导致的。人们应该投入争取正义的社会实践中去,通过建构跨越空间的联盟,动员、凝聚各方力量,形成合力,实现空间正义①。

(2) 超越正义论争辩的"空间正义"

空间分配中不存在"绝对正义",考量"正义"的关键在于权利是否平等和是否存在压迫。20世纪90年代,艾利斯·马瑞恩·扬(Iris Marion Young)提出了差异政治正义论。扬对分配范式进行了批判,认为应当把支配和压迫作为考察不正义的起点,而不仅仅是聚焦在分配的公平性上。她强调空间正义不应仅仅关注空间化如何影响分配,而且关注空间化如何稳固和强化了压迫和不正义的分配过程。

2. 理论延伸:社区更新中的空间正义

空间正义为社区更新带来了新的理论研究视角,其在处理公众参与中个体之间矛盾和资源分配问题时具有强大的生命力,社区更新的空间正义总体上可以分为社区更新结果的正义和社区更新过程的正义。

(1) 社区更新结果的正义

社区更新结果的正义表现为社区中以公共绿地和各类公共服务设施等为代表的具有价值的社区资源在空间上的分配是公平的,居民能获得均好的服务。这种公平也不应是平均主义的,而是要对弱势群体适当倾斜,以实现哈维所说的"最少的优势领地"和弱势居民的利益最大化。

以往的社区更新中,弱势群体在空间生产与消费过程中亦处于弱势地位,因此他们的需求往往被忽略,这可能意味着物质资源、社会资源以及发展机会的多重丧失。因此,在以追求正义为目标的机制设计中,应特别关注弱势群体和少数群体的需求,寻求一种能够将普遍正义与社会差异相融合的和合之道。

(2) 社区更新过程的正义

哈维认为,实现正义的分配不仅需要关注分配的结果,还应关注分配的过程。社区更新对象是存量社区,其空间很难进行大规模的改进,难以实现更新结果的绝对正义。因此对于社区更新而言,更为重要的是社区更

① 苏贾.寻求空间正义[M].高春花,强乃社,译.北京:社会科学文献出版社,2016.

新过程的正义,包括赋权方式的正义、参与程序的正义以及协商机制的正义等方面内容。

赋权方式的正义。为了实现更新的效率,同时也受长期行政化运行惯性影响,以往社区更新在征询居民意见时习惯邀请能"附和"更新方案的居民参加,以保证更新顺利完成。这种有限赋权方式下产生的更新成果,其结果的公平性无法评价。因此,应优化社区组织行使权力的方式,完善社区更新参与主体的组织架构,从源头上保障社区更新的过程正义。

参与程序的正义。社区更新规划方案的产生包括前期调研、规划方案编制、居民投票表决以及规划方案公示等多个环节。以往的社区更新中,绝大多数居民参与可能仅仅体现在投票表决和公示阶段的被动参与,居民对于规划方案的前期编制缺少参与,这其实是一定程度上的过程性"非正义"。因此,社区权力组织和社区规划师应设计正义的程序来保障居民的广泛、平等地参与更新规划方案产生的全过程。

协商机制的正义。社区更新中会产生多重分歧,如垃圾站和多层停车设施的邻避效应产生的分歧,要绿地还是要车位的分歧,等等。由于缺乏广泛认可的理性冲突化解规则,甚至使协商陷入僵局,社区更新也因此受阻。因此,需要健全社区更新的协商机制,制定使居民广泛认可的"公正"的量化式冲突化解规则①。

参与式规划作为构建各利益主体沟通协商的有效途径,以"参与"为核心,通过构建居民个人、社区组织和规划师之间平等对话的平台,促进多方达成共识,在规划的过程中通过协商共治解决社区问题。运用参与式规划方法,在充分尊重社区居民意愿的基础上,引导居民参与到社区未来发展和日常事务中,强化社区居民的认同感与凝聚力,以充分体现居民参与性的方式解决社区实际问题。只有通过居民广泛参与制定的规划,才能最大限度地体现居民的空间诉求,确保社区更新规划过程中实现空间正义。可以说,参与式规划是实现老旧社区更新中空间正义的关键机制。

3.2　社区规划师制度的发展经验

社区规划是伴随着 20 世纪 60 年代英美等国的社区发展运动产生的。

---

① 刘辰阳,田宝江,刘忆瑶."空间正义"视角下老旧住区公共空间更新实施机制优化研究[J].现代城市研究,2019(12):33-39.

第二次世界大战后,联合国积极倡导社区发展运动,旨在通过人民自己的努力与政府合作,改善社区的经济、社会和文化环境,把社区纳入国家生活中,从而为推动国家进步作出贡献。与此同时,城市规划学科也开始检讨基于建筑师理念发展起来的学科缺陷,希望从解决城市问题的角度去完善学科发展[①]。在此背景下,社区规划师(Community Planner)应运而生,作为专门从事社区规划的专业人群或机构,成为政府机构、非政府组织和民间沟通的"桥梁"。

我国大陆地区社区规划师研究起步较晚,目前社区规划师机制尚在探索中,虽然深圳、上海、北京以及成都等地进行了相关实践,但总体而言,尚未建立成熟的体系。不同国家和地区的社区规划师以不同形式出现,工作重心和内容也略有不同。本书选取社区规划师机制相对成熟的英美、我国起步较早的台湾、北京和上海作为典型样本,解析社区规划师的工作职责、模式和内容,以期为我国社区规划师的研究工作提供借鉴。

3.2.1 美国"社区经纪人"

经过多年发展,美国构建了一套由政府立法支持,地方社区、非营利组织和市场相结合,共同承担政府力所不及而市场又不感兴趣的社区事业体系[②]。美国的社区规划主要由两股力量驱动:一是地方政府,通过资助市民参与社区组织,促进公共部门和私人部门合作进行社区规划;二是社区自身,社区行动计划促进了"社区发展公司"(Community Development Corporation, CDCs)的快速发展,社区发展公司是在社区代表控制下有多种渠道资金支持的非营利组织,关注社区或者城区的物质和经济改善问题[③]。由于多种途径的社区规划体系的存在,美国社区规划师角色的定义也较为宽泛,所有为社区制定发展规划的规划师都可以被称为社区规划师,他们可以是任职于政府机构的工作人员、政府特聘的专家,也可以是社区委员会的工作人员或专业人士,或者是来自非营利组织以及私人企业的工作人员(图 3-5)。

社区规划师的工作范畴也较为广泛,扮演多重角色:①社区规划的设计者,负责重点地段项目策划、街道环境设计和绿化空间营造等工作;②社区活动的组织者,负责组织现场踏勘、公众调查及意见征询等基本调研活

---

① 钱征寒,牛慧恩. 社区规划——理论、实践及其在我国的推广建议[J]. 城市规划学刊,2007(4):74-78.

② 王承慧. 社区规划制度化的路径探讨——基于美国纽约、韩国首尔和新加坡的比较[J]. 规划师,2020(20):84-89.

③ 赵蔚. 社区规划的制度基础及社区规划师角色探讨[J]. 规划师,2013,29(9):17-21.

动,负责开展社区"领袖"、社区工作人员的培训工作,负责公众参与规划的法规和制度建设;③实施规划的参与者,包括向政府申请社区发展资金、促进社区和企业合作、建造经济型住房提供给低收入人群、协助社区举办就业培训班以及指导街道进行环境改善等工作。

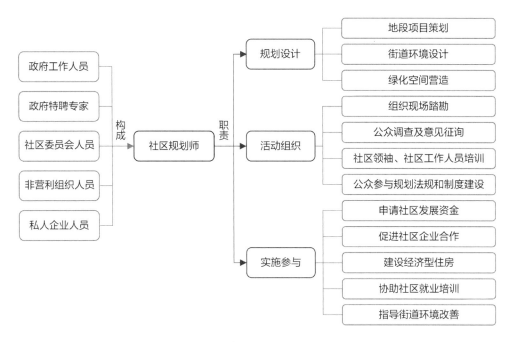

图 3-5　美国的社区规划师体系

　　综上,美国社区规划师工作内容既包括物质空间规划,又包括经济规划、住房规划、环境规划和社会发展规划。相应地,美国的社区规划师的专业来源既包括建筑、市政工程等工科专业,又包括社会学、政治学、经济学和历史学等社会学背景。社区规划师工作的目标不仅仅是为社区设计一张美好的蓝图,更重要的是帮助社区去实现蓝图[①],充当"社区经纪人"的角色。

　　美国的社区规划工作开展得益于其发达的非政府组织和职业规划师的公众利益价值观。美国规划师有成熟的职业规范和较高的职业独立性。在《美国执证规划师学会道德与职业操守守则》中规定对公众利益负责是规划师的首要职责。即使规划师是受雇于开发商的,也必须充分考虑对公众的职责。

---

　　①　成钢.美国社区规划师的由来、工作职责与工作内容解析[J].规划师,2013,29(9):22-25.

3.2.2　英国"社区参与官员"

英国的社区规划始于 20 世纪 60 年代,于 20 世纪 90 年代得到确认和重视,为了避免社会裂痕和类似美国贫民窟情况的发生,英国政府高度重视社会住房集中区和内城区的空间剥夺现象。他们认为早期的城市发展和更新政策只关注物质空间,对于社会经济问题的解决并没有起到明显作用,因此要将焦点放在人身上,动员地方居民以得到支持。2000 年,在英格兰和威尔士,社区规划的法定地位得到地方当局支持,2003 年,苏格兰地方政府法案也确定了社区规划的法定地位。

目前,社区规划在英国已经被确定为全面提高地区福利的综合战略[①],社区规划的目标一方面是促进社区和公民参与到与其相关的公共决策中,从而改善政府和公民间的关系;另一方面是改变地方管理机构日益分割化的趋势,通过各部门和组织的协同工作,提供更好的公共服务(图 3-6)。

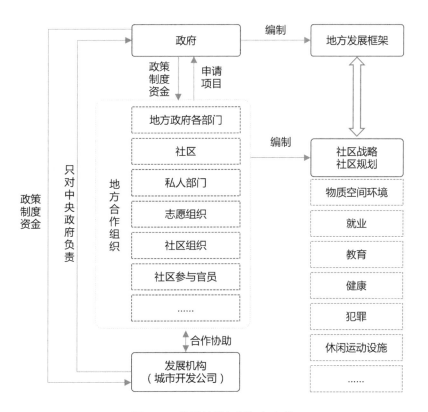

图 3-6　英国社区规划组织架构

① 刘玉亭,何深静,魏立华. 英国的社区规划及其对中国的启示[J]. 规划师,2009(3):85-89.

社区规划的参与者包括社区居民、志愿者组织、社区理事会、企业和商会以及专业机构,为了保障多方参与的质量和效率,一般每个地区的地方委员会都会设立一个"社区参与官员"(Community Engagement Officer)的职位,该职位由地方当局公开聘用,与当地各参与方一起合作,起着沟通多方并建立合作关系的"桥梁"作用,改善和提升社区的参与状况,社区发展的任何动态信息都可以从社区参与官员处获悉[①]。

3.2.3　中国台湾"社区营建师"

我国台湾地区的社区规划师起源于 20 世纪 90 年代,1994 年受全球化冲击,台湾通过文化建设委员会提出了"社区总体营造"计划,从文化角度提出应对政治、经济和文化发展等方面的问题和弊端的对策。1999 年,台北城市管理部门借鉴欧美国家经验,开始推行社区规划师制度,目的是为社区提供专业咨询、进行地区环境整治规划设计服务以及建立社区与专业人员的协力伙伴关系等,形成自下而上的参与规划。经过 20 多年的发展,台湾的社区规划师机制体制逐步成熟(图 3-7)。

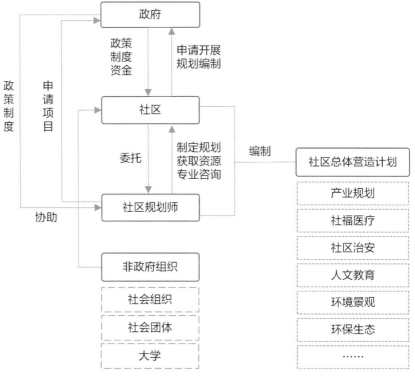

图 3-7　中国台湾社区营造组织架构示意图

①　赵蔚.社区规划的制度基础及社区规划师角色探讨[J].规划师,2013,29(9):17-21.

在人员征选方面,台湾的社区规划师团队主要涉及的专业领域包括建筑规划、景观设计、公共艺术、交通工程、土木工程、环境工程、社区福利与安全、地方产业以及公共卫生等。其他专业领域对社区营造工作具有热情、参与过相关培训或长期从事社区工作的个人或团体也可报名参与征选。社区规划师必须是具有合法身份的机构,如景观顾问公司、建筑师事务所、学术团体、高校、个人工作室或非营利组织。此外,他们都应具备在地性特征,对其服务的社区有充分理解或地域情感,能深入了解地方历史渊源、社会变迁和风俗习惯,在受聘期间,社区规划师必须在服务的片区内设置工作室,全身心融入社区,将民众诉求反映至决策者。

在工作职责方面,台湾的社区规划师的工作范畴包括设置在地工作室为居民提供专业咨询,提出规划设计构想,负责"社区规划师"网站的运维,列席参加有社区有关的会议,以及参与各地都市发展局举办的社区规划师交流活动及继续教育,并接受服务考评,等等。台湾的社区规划师属于荣誉制,提供的多为无偿性公益服务[①]。

3.2.4　中国上海"社区规划师"

上海的社区规划师制度是上海存量发展新阶段和创新社会治理的双重背景下的产物。《上海市城市总体规划(2017—2035 年)》中明确提出以保护、保留为主的内涵发展模式,上海中心城进入以城市更新为主导的存量规划阶段;同时规划也明确以共建、共治和共享为发展目标,鼓励构建最广泛的公众参与格局,进行渐进式、由点及面的社区治理行动。

2018 年 1 月,杨浦区率先开始了社区规划师的制度化尝试,区政府聘请了包括笔者在内的 12 位来自规划、建筑和景观专业的同济大学教师作为杨浦区的社区规划师,分别对接辖域内 12 个街镇。随后,浦东、普陀、徐汇、虹口和静安等区也陆续开始积极开展社区规划师探索,形成了适应不同地区需求的社区规划师发展模式(表 3-3),包括专家顾问型模式、行政统筹型模式和综合协同型模式等。其中,杨浦、虹口、普陀和徐汇的社区规划师属于"专家顾问型",通过引入高水平专业团队作为咨询顾问扎根社区,深入了解地方需求,并通过长期服务形成全过程参与的常态化机制,全过程指导更新项目。静安区通过总结"美丽家园""美丽城区"等实践经验,推

---

① 杨芙蓉,黄应霖. 我国台湾地区社区规划师制度的形成与发展历程探究[J]. 规划师,2013,29(9):31-35,40.

行 N 对 1 的"行政统筹型"社区规划师模式,即由自规局职能管理部门各科室的多名规划师担任社区规划师,下沉至各街镇并精准对接每个街镇的"美丽家园"工作负责人员,而规划设计编制则由街镇购买第三方服务的方式完成。浦东新区采取"1+2"技术指导模式形成"综合协同型"社区规划师队伍,通过"导师+规划管理+规划设计"模式,进一步对社区规划师的角色进行细分。从"专家顾问型""行政统筹型"到"综合协同型",体现了上海社区规划师制度的逐步迭代优化创新[①]。

表 3-3　上海地方社区规划师制度实践情况分析

地区	实践进程	队伍模式	社区规划师角色/责任	工作内容
杨浦区	全街镇全覆盖 (2018)	1+N 专家顾问型 (联合高校)	"规划员" "顾问员" "协调员" 听取居民诉求; 指导社区更新改造; 培育社区自治能力; 对特定空间进行摸排分析	指导公共空间微更新项目,带动社区自治、共治能力的培育对辖区内亟待改造的老旧社区、有优化潜力的社区公共空间、街角街边公共空间、慢行系统等进行摸排和分析,并结合居民诉求共同选取可实施的社区更新项目
浦东新区	全街镇全覆盖 (2018)	1+2 综合协同型	"设计指导员" 指导空间品质提升、听取民意;调动居民参与热情	从口袋公园、街角空间、运动场所、活力街巷、慢行网络、林荫街道、公共设施、艺术空间、透绿行动九个方面提升社区品质,打造有人情味和归属感的社区
普陀区	全街镇全覆盖 (2018)	1+N 专家顾问型	"规划员" "顾问员" "协调员" 把控设计质量; 指导其他更新项目; 促进居民参与和自治	问题调研、方案建议、政策理念宣传、群众动员和协调、监督实施、活动组织及项目长期运维等内容。 定期与街道沟通,指导街镇摸排辖区内可改造的空间,结合在地居民需求和诉求选取可实施项目,全过程指导并把控设计质量

①　朱弋宇,奚婷霞,匡晓明,等.上海社区规划师制度的实践探索及治理视角的优化建议[J].
国际城市规划,2021,36(6):48-57.

续表

地区	实践进程	队伍模式	社区规划师角色/责任	工作内容
徐汇区	发布实施办法+全街镇全覆盖(2019)	1+N专家顾问型	"设计管家" 专业咨询; 设计把控; 实施协调; 技术服务	风貌道路和景观道路综合整治、绿化景观提升、小区综合治理、公共空间微更新等。 从专业、审美、治理三个维度强化社区"三微三修"——即微设计、微更新、微治理;生态修复、城市修补、管理修正
虹口区	发布实施办法+规划试点(2018)	1对1专家顾问型	"沟通员" "协调员" "技术员" 多向沟通; 提供技术支撑; 协调多方利益; 完善公众参与程序	为政府部门和实施单位提供综合技术协调参与社区发展与工程例会,建立地方与地方政府的联系进驻社区,定期接待居民,了解居民诉求
静安区	发布实施办法+全街镇全覆盖(2018)	N对1行政统筹型	"联络员" "指导员" "宣传员" 对接街镇和居民; 指导具体项目落实; 宣传社区治理	建立三清单(项目清单、问题清单、任务清单),完成四阶段(准备动员阶段、集中走访阶段、分析梳理阶段、精准走访阶段)达到美化住区形象、更新邻里空间、优化停车空间、完善设施与绿地空间的要求

资料来源:朱弋宇,奚婷霞,匡晓明,等.上海社区规划师制度的实践探索及治理视角的优化建议[J].国际城市规划,2021,36(6):48-57.

3.2.5　中国北京"责任规划师"

2017 年,《北京城市总体规划(2016 年—2035 年)》提出了建立责任规划师制度的要求;2018 年,北京市规划和自然资源委员会发布了《关于推进北京市核心区责任规划师工作的指导意见》,提出"以建立责任规划师制度为抓手,完善专家咨询和公众参与长效机制,推进城市规划在街区层面的落地实施,提升核心区规划设计水平和精细化治理水平,打造共建共治共享的社会治理格局"[①];2019 年 5 月,《北京市责任规划师制度实施办法(试

---

① 北京市规划和自然资源委员会.关于推进北京市核心区责任规划师工作的指导意见[EB/OL].[2018-12-17].https://ghzrzyw.beijing.gov.cn/zhengwuxinxi/tzgg/sj/201912/P020191223518297150899.pdf.

行)》出台,明确了责任规划师的聘用、考核、权利、义务和责任以及其他保障机制(图 3-8),开始在全市、街道和乡镇中全面推进责任规划师制度。

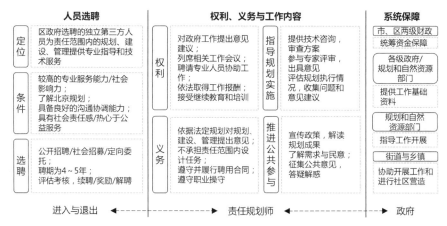

图 3-8　2019 年《北京市责任规划师制度实施办法(试行)》的相关规定

在实际运作过程中,各区结合自身情况,采用了特色化的模式(表 3-4)。如海淀区责任规划师采用"1 + 1 + N"模式,即每个街镇配备由 1 名全职街镇规划师、1 名高校合伙人和 N 个设计师团队组成的街镇责任规划师团队。前二者由区政府统筹计划配置,设计师团队根据项目需要择优遴选。笔者参与的通州区责任规划师采取的是"责任双师"模式,试行"12 + 9 + 1"工作机制。其中,"12 + 9"指副中心 12 个组团和拓展区 9 个乡镇,每个片区配备 1 支责任规划师团队,每支团队由 1 名首席责任规划师、1~2 名片区责任规划师和其他相关技术人员组成;"1"是指 1 个"责任建筑师专家库"。

表 3-4　北京部分区责任规划师工作开展情况

城区	责任规划师 (团队名称)	首聘时间	文件政策	构成特点
东城区	核桃仁	2017 年 8 月试点启动;2018 年 8 月 23 日举行聘任仪式	《东城区街区责任规划师工作实施意见》(2018 年 6 月)	14 家设计单位与高校任职,覆盖 17 个街道;团队库 + 双向选择
西城区	西师	2018 年 12 月完成聘任	《西城区责任规划师制度工作方案》	10 家设计单位任职,覆盖 15 个街道
海淀区	海师	2018 年 3 月,确定 6 个街道试点;2019 年 3 月签约高校合伙人,4 月完成街镇责任规划师聘任	《海淀街镇责任规划师工作方案(试行)》(2018 年 12 月)	"1 + 1 + N":1 名全职街镇规划师 + 1 名高校合伙人 + N 个专业团队

续表

城区	责任规划师（团队名称）	首聘时间	文件政策	构成特点
朝阳区	向日葵与葵花籽	2019年6月12日举行聘任仪式	《朝阳区责任规划师制度实施工作方案(试行)》	36支责任规划师团队＋54名首席规划师,部分街道聘任外籍责任规划师团队
大兴区	兴师	2019年7月9日举行聘任仪式	《大兴区乡村责任规划师工作制度(试行)》	"1＋36":1名区级乡村总责任规划而＋36名镇级乡村规划师
门头沟区	门师	2019年8月完成聘任	《门头沟区乡村责任规划师工作实施意见(试行)》	13支乡村责任规划师团队
石景山区	筑梦石与小石子	2019年11月4日举行聘任仪式	《石景山区责任规划师制度实施办法(试行)》	"1＋N＋X":1位首席规划师＋N位团队成员＋多方力量
丰台区	小蜜丰	2019年11月完成选聘	《丰台区责任规划师制度实施工作方案(试行)》《丰台区责任规划师和社区规划志愿者工作组织及任务清单(试行)》	"1＋24＋N":1位总规划师＋24个单元责任规划师＋N个社区规划志愿者
延庆区	妫画师	2020年1月21日举行聘任仪式	《延庆区责任规划师(团队)工作方案(试行)》	"1＋7":1个区级责任规划师(团队)＋7个街镇(乡)责任规划师(团队)
顺义区	义家人	2019年初招募	《顺义区街镇责任规划师工作方案(试行)》(2019年12月)	街镇责任规划师
昌平区	小平果	2020年4月完成聘任	《昌平区落实责任规划师制度实施方案》(2019年11月)	22名责任规划师
亦庄新城	亦盛君	2020年5月开展工作	—	"顶层设计层"＋"全方位覆盖层"＋"织补衔接层"
平谷区	—	2020年5月完成聘任	《平谷区责任规划师工作方案》	"1＋1＋N":1个区工作领导小组＋1个责任规划师工作统筹平台＋N个责任规划师团队

城区	责任规划师 (团队名称)	首聘时间	文件政策	构成特点
通州区	副中心 "责任双师"	2020 年 8 月完成聘任	—	"12 + 9 + 1":12 个组团 + 9 个乡镇 + 1 个责任建筑师专家库
密云区	—	2020 年 11 月启动招聘	《密云区生态责任规划师工作实施方案》(2020 年 9 月)	"3 + N":1 个生态责任规划师(团队) + N 个规划编制团队

资料来源:唐燕.北京责任规划师制度:基层规划治理变革中的权力重构[J].规划师,2021,37(6):38-44.

3.3 参与式社区更新的国内外相关实践

参与式社区更新的实践探索在发达国家或地区已有数十年的历史,在实践操作方面积累了诸多经验值得借鉴。考虑到社会文化背景和产权制度差异,本书以日本、中国台湾以及大陆地区最早开展社区更新的厦门、北京和上海等地作为借鉴地,选取典型案例进行论述。

3.3.1 日本岛根县海士町社区营造

1. 背景与特点

日本的社区营造是 20 世纪 60 年代市民运动的产物之一,此后其社区营造大致经历了"诉求与对抗型"社区营造(60 年代—70 年代)、"市民参与型"社区营造(80 年代初—90 年代中期)和"市民主体型"社区营造(90 年代中期至今)几个阶段。目前,日本的社区营造主要是为解决人口老龄化、经济结构变化以及人口流动等城市问题。总体而言,日本社会符合滕尼斯所提的共同体特征,日本的社区营造呈现的是市民自发行为背景下的活动与服务,正如美国著名的史学家埃德温·赖肖尔(Edwin Oldfather Reischauer)在其著作《日本人》中所提到的"日本很早就存在个人对'超越家族的社会团体'效忠的社会规范"[①],这一强烈的集体归属感是其参与社区营造的重

———————————

① 赖肖尔.日本人[M].上海:上海译文出版社,1980.

要精神动力之一。

2. 社区概况

日本岛根县海士町社区是隶属于日本岛根县的一个离岛,岛上有 2 400 位居民,包括本地久居者、外地返乡者及约 250 名从大城市到乡村工作生活的移居者,社区面临人口老龄化、人口流失及外来人口带来的种种社会问题。传统的市町村综合规划均由本行政区内的管理部门委托外部专家团队进行制定,本地区行政人员和居民都不被允许参与这个过程中来。2007 年,在新一轮的市町村综合规划修订时,该区域的町长决定和本地居民一同制定综合规划,同时邀请了日本著名社区设计师山崎亮主持该地区的社区振兴规划,目的是打破社区社群没有交集的屏障,培育出能成为社区发展中流砥柱的群体力量①。

3. 更新过程

(1) 意见调查

在社区营造初期,规划师团队深入社区内部,与在地居民进行沟通,了解其诉求,并邀请本地居民参与后期的规划制定研习会中。通过走访,设计团队获得了 3 类居民共 65 人的意见,分别是企业上班族、从事自治会活动的居民及以居民身份参与活动的人,其中本地久居者、外地返乡者和移居者人数大致相同。同时,设计团队在町公务所举办了讨论会,约 100 名职员(几乎是公务所全员)参与会议,他们对规划项目的推进提出了各种意见。

(2) 团队建设与规划制定

规划师团队召集了约 50 位居民参加了综合规划制定的讨论会,由设计团队从每个人的讲话中提炼关键词,运用 KJ 法②导出语言中共通的主题,综合考虑讲话人的性别、年龄以及居住情况(是否返乡者)等因素,将所有参与人的兴趣点归纳成足以构成均衡团队的四个关键词,分别为“人”“生活”“环境”和“产业”,每个团队的年龄结构、性别比例和居住情况大致相同。此后,由设计师引导各个团队开展破冰游戏或团队建设,通过活动推选各队队长,并明确每个团队的职责分工。由于每个居民都是按照自己的兴趣主题进行的分组,因此可以提出很多意见。设计师向各个团队传授会议交流技巧,前 3 次会议由设计师主导,此后便交由各个团队自行运行。通过一系列的头脑风暴游戏以及正式或非正式的对谈,居民不断提炼并优化提案内容。等到提案相对成熟时,由规划团队将提案递交至行政管理部门,行政管理部门将居民提案整合纳入行政对策,最终形成以居民提案为

---

① 山崎亮. 社区设计[M]. 胡珊,译. 北京:北京科学技术出版社,2019.
② KJ 法是全面质量管理的新七种工具之一。其创始人是东京工业大学教授、人文学家川喜田二郎,KJ 是他姓名的英文 Jiro Kawakita 的缩写。

基础的综合规划。

（3）设计执行

综合规划的对策实施任务被分配给六个部门,分别是教育、产业、保健福利医疗、生活环境、环境整顿和行政财政,为方便居民了解自己所推进的项目应与哪些部门合作,规划师在规划中注明了各项工作负责的行政部门情况。同时,社区规划师将所有提案制作成册,并在每个提案中附上提案者的卡通形象,以此来增加参与者执行提案的动力。此后,本地居民和行政部门一同向决定规划审议的议会发出申请,希望政府能够通过此项规划并提供多方力量保证规划实施。团队对自己的提案进行具体实施,如"人文团队"改造闲置的托儿所作为交流场所,"产业团队"负责竹炭及竹制品产业发展,"生活团队"实施了邀请高龄者参与活动的"邀请者项目","环境团队"邀请专家和学生一起对岛内地表水水质进行检查,等等。

（4）社区自主发展

在各项提案开展过程中,不断突破最初四个主题的限制,新的主体活动和团队相继诞生,逐渐建立起可持续的人际关系。如以参与"环境"团队的居民为中心,召集了一些从未参与规划的新成员,成立了物品交换社团"惜物市场"等(图3-9)。

图3-9　海士町社区振兴计划参与过程

资料来源:改绘自山崎亮. 社区设计[M]. 胡珊,译. 北京:北京科学技术出版社,2019.

4. 更新成效

通过持续性的参与式社区营造,海士町由昔日社会问题突出的日渐衰落的社区,转变为充满生机的社区和自主创生的模范社区。其成功经验说明,在社区规划中,比起单纯的物质空间设计,更为重要的是对社区关系的重塑。通过参与式规划,有效发挥社区居民的力量,原本不同背景的社区居民之间的壁垒被打破,并且通过社区规划培育的自治团体成为社区的中坚力量,持续不断地为社区带来新的活力,以此解决社区发展中的种种社会问题。

3.3.2　中国台湾大观园社区营造

1. 背景与特点

老旧社区受长期自上而下政策主导的惯性影响,在社区更新中往往存在公众参与意识和专业能力较弱的问题,因此也可以引入第三方组织的力量采取参与式规划进行引导。其中,本地高校作为第三方组织参与社区更新是其中的一种模式,与其他社会组织相比,本地高校拥有在地性和持续性等优势,也更容易获得公众认可。目前,上海市杨浦区依托同济大学已展开相应的实践探索。对比而言,我国台湾地区近年来在教育理念变革的影响下,学校参与社区更新的模式和经验更具有借鉴意义(表 3-5)。

表 3-5　台湾地区学校参与社区更新的案例总结

项目名称	第三方参与主体	特色效果	参与类型
台南后壁乡土沟村社区营造	台南艺术大学建筑系	社区作为高校课程实践地点,师生团队协助完成社区美化工作,并深度挖掘地方历史与文化	研究导向
银同社区营造	成功大学建筑系等	由建筑系牵头建立驻地工作站,协助社区处理行政事务、推进环境改造方案的实施,同时联合戏剧系、医学系开展艺术、保健类科普活动	社会服务
"食养城市人文农创"项目	台湾大学 14 个院系	文、社、理、工、农、管学院共同深化产学研合作,推动专业知识普及,培养深耕社区研究的人文社科及科技理工教育者,带动当地企业及社区文化的创新发展	研究导向、社会服务、经济促进
桃园大观园社区营造	中原大学建筑系等	由建筑系历年毕业设计展与课程滚动推进更新工作,将社区打造为具有地域特色的展览文化基地,同时建立宣传网站、成立驻地工作站,并联合其余院系为社区引流,举办丰富的惠民活动	研究导向、社会服务、经济促进

项目名称	第三方参与主体	特色效果	参与类型
淡水老街再生计划	淡江大学 7 个院系	由建筑系牵头建立淡水社区工作室,以历史建筑再利用等 6 个主题创立"社区营造服务"课程,借助工作坊、教学研习、论文发表等活动推动社区营造内涵的深化,并建设地方文史人物主题展示馆,策划民俗活动,发展乡村文化产业	研究导向、社会服务、经济促进

资料来源:丁洁,郑少鹏.学校作为第三方组织参与社区更新模式研究——以台湾中原大学与大观园社区营造为例[J].南方建筑,2021(3):52-59.

2. 社区概况

大观园社区位于台湾中原大学南侧门外,毗邻建筑系馆,社区面积约 1 公顷,由鸟园、庄园和大井新村等几部分组合而成[①]。社区曾随着学校发展而扩张,后因部分居住者的离开及土地产权的复杂性而一度成为都市发展中的灰色荒废地带。2016 年,台湾中原大学建筑系以学生毕业设计为契机,联动师生和居民,共同开展社区的渐进式更新。

3. 更新过程

台湾中原大学参与大观园社区营造的更新过程主要分为建立信任和前期沟通、协作改造和引导运营三个阶段[②]。

(1) 建立信任和前期沟通阶段

为了取得居民的信任,师生们首先以微介入方式对社区空间进行清理,如墙面清理、铺面材质替换以及杂草清除等,建立与社区之间的联系。然后他们通过实地调研和访谈对社区资产和空间使用状况进行初步评估,明确了社区存在的问题。接着再通过深度访谈和沟通进一步加深对社区问题的理解和凝练。在此阶段,学生们采取了多种方式来搭建与居民互动的平台来促进居民的参与,如在社区进行课程设计的中期答辩时向居民展示设计成果、举办研讨会来鼓励居民提供反馈意见等。通过这些互动活动,居民感受到师生们的诚意和行动的意义,从起初的不关心转为主动参与。

(2) 协作改造阶段

针对社区问题和更新需求,引导居民开展参与式更新,主要包括两方

---

① 廖盛正.以"修补式地景"之论述形塑与空间实践介入地方空间的建筑毕业设计专题计划[D].桃园:台湾中原大学,2018:19-20.

② 丁洁,郑少鹏.学校作为第三方组织参与社区更新模式研究——以台湾中原大学与大观园社区营造为例[J].南方建筑,2021(3):52-59.

面工作。一方面是作为"技术员",在社区选取典型的废弃空间进行更新方案的设计,在设计过程中注重社区历史文化的传承和社区记忆的保留。另一方面是作为"协调员",平衡社区更新中遇到的各类利益冲突。高校作为公正的第三方,在权衡利弊时,更容易获得公众的信任。

(3) 引导运营阶段

这一阶段的主要工作是引导居民对更新成果进行持续性维护、对外宣传展示社区更新效果以及寻求社区内外的合作伙伴等。为此,建筑系师生在社区成立驻地工作站,由驻地规划师为居民提供咨询服务,学校社团与热心居民组建运营管理分队,开展不同主题讲座和展览,对居民进行社区后续营造方面的知识培训;设立线上宣传平台,开展活动发布、资金筹集和志愿者招募等工作;吸引外部文创机构、社工组织等团体进驻社区,开展各类活动。

4. 更新成效

大观园社区的更新改造过程充分体现了台湾中原大学师生专业力量的"陪伴式"引导作用,其在推进社区营造过程中极大地激发了社区居民的参与性,在运营管理过程中逐渐培育出社区责任主体成员,以较低成本引入外部资源支持社区经营,并最终联合多元力量共同参与社区治理。

3.3.3　中国厦门莲花香墅社区更新

1. 背景与特点

2013 年,厦门市委组织编制的《美丽厦门战略规划》提出了"美丽厦门共同缔造"的理念,把社区规划与建设作为实现社会治理的重要途径,希望规划师发挥作用,积极调动和组织居民参与规划过程。"共同缔造工作坊"就是在这种背景下提出的社区规划与公众参与相结合的创新模式,是以社区为单位,以公众参与为核心,依托搭建的多方参与互动平台,在规划师等专业人士的引导下,由多元主体共同参与社区更新各环节的规划实践。

2. 社区概况

厦门莲花香墅位于厦门市思明区的中心,建于 20 世纪 80 年代,占地面积 16 公顷。20 世纪 90 年代,曾因"煎蟹一条街"为首的厦门各种特色美食的入驻而成为美食街,吸引了越来越多的游客。在经过多年的发展及人口增长后,社区目前存在设施老化、物业管理缺乏、环境和噪声污染、交通拥堵、停车困难以及邻里关系紧张等问题[①]。

---

① 李郁,刘敏,黄耀福. 共同缔造工作坊——社区参与式规划与美好环境建设的实践[M]. 北京:科学出版社,2016.

3. 更新过程

2014 年 6 月,由中山大学城市化研究院牵头,由香港理工大学、台湾逢甲大学、厦门市城市规划设计研究院、政府、社区居民、商家代表和本地团体等多元主体组成的莲花香墅共同缔造工作坊成立[①,②](图 3-10)。

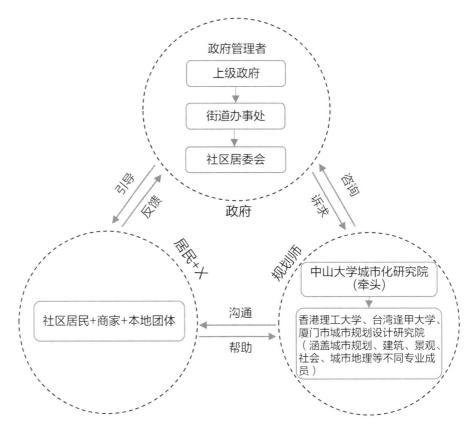

图 3-10 共同缔造理念下多元主体间的关系

资料来源:改绘自李凯翔. 厦门社区共同缔造模式与改进策略研究[D]. 厦门:华侨大学,2017.

(1) 调研与认识阶段

规划师通过实地调研、座谈会、问卷调查和入户访谈等方式了解认识社区。其中通过实地调研使规划师亲身体验社区环境,对社区主要资源特色和存在的问题有了初步了解。座谈会主要围绕居民心中的莲花香墅、莲花香墅的特色、莲花香墅存在的问题、与商家的矛盾以及商家经营遇到的

① 黄耀福,郎嵬,陈婷婷,等. 共同缔造工作坊:参与式社区规划的新模式[J]. 规划师,2015,31(10):38-42.

② 刘敏,麦夏彦,李郇. 规划工作坊——公众参与规划过程的新模式[C]. 持续发展理性规划——2017中国城市规划年会论文集(12 城乡治理与政策研究),2017:572-583.

挑战和困境等主题展开,通过分别针对商家和街道管理部门组织开展座谈会,工作坊切实了解了不同参与主体眼中的莲花香墅。问卷调查和上门访谈对象为不同年龄、性别和不同年份居住在此地的 100 位居民,规划师收集了他们对社区满意度、邻里关系、社区参与、居民与商家关系以及对社区未来发展的设想等的意见和期望。

　　(2) 初步方案评议阶段

　　基于前期获取的社区问题和公众愿景,工作坊提出了共同缔造莲花香墅大公园的思路,目标是让居民有良好的居住环境、商家有和谐的经营氛围、游客有优美的步行体验,同时提出交通改善、产业提升、空间美化、和睦邻里、友善商家和社区规划师培训六大计划,组织讨论会与社区代表共同探讨计划的可行性。

　　(3) 公众咨询与共识达成阶段

　　采用全开放形式召开室外公众咨询会,让居民畅所欲言,透明和直接的方式促进了居民、工作坊成员、商户和政府管理者之间直接而透明的交流,也加大了宣传力度,让更多的利益相关者了解到社区发展愿景。参与者针对规划方案展开热烈讨论并对方案提出了宝贵的意见,最终达成了共识。

　　(4) 行动计划实施阶段

　　共识方案形成后,工作坊与相关部门商定各项行动计划的实施顺序,引导多元主体共同参与,并根据项目实际需要,寻求政府部门的经费保障和实施政策的支持(图 3-11)。

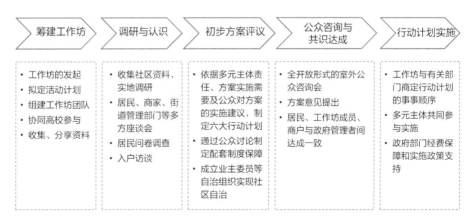

图 3-11　莲花香墅共同缔造工作坊的流程

资料来源:改绘自黄耀福,郎嵬,陈婷婷,等. 共同缔造工作坊:参与式社区规划的新模式[J]. 规划师,2015,31(10):38-42.

　　4. 更新成效

　　莲花香墅共同缔造工作坊是规划设计与社区治理相结合的一种模式,

通过构建地方居民、规划师和政府等多元主体共同参与社区规划的沟通平台,以居民最关心的社区空间改造为载体,以解决社区问题为导向,展开广泛合作,居民通过发表意见不断对方案进行调整,最后形成统一的共识性方案,并落实到行动计划中。在共同缔造过程中,社区资源得到挖掘,社区自治能力得到提升,培育的社区人才成为社区建设的"领头人",引导社区居民共同缔造可持续的美好环境。

3.3.4 中国北京劲松北社区改造

1. 背景与特点

2018 年,北京 100 个老旧小区启动"菜单式"整治,其中劲松街道尝试引入社会资本参与社区改造,与北京愿景集团签订了战略协议,由愿景集团承担劲松北示范区更新的设计、建设、管理和运营一体化的多元角色。"劲松模式"被视为通过社会资本破解老旧小区改造动力不足瓶颈的创新模式。

2. 社区概况

劲松北社区位于北京市东三环劲松桥西侧,距离国贸 CBD 约 3 千米。该社区始建于 1978 年,是改革开放初期为解决巨大居住需求压力统建的综合性住宅区。社区占地总面积 26 公顷,总建筑面积 19.4 万平方米,总户数 3 605 户,居民 9 494 人,其中 60 岁以上老年人占比约 40%。目前,大多住宅楼龄大于 40 年,存在基础设施陈旧、公共空间不足、生活配套缺乏以及物业服务便利性差等问题[①]。

3. 更新模式

针对劲松北社区存在的各项问题,劲松街道联合愿景集团在社区更新的推进机制、参与方式和融资模式等方面进行了创新探索。

(1) 推进机制

围绕社区更新,构建了"区级统筹、街道主导、社区协调、居民议事、企业运作"的"五方联动"机制,区级层面建立了由副区长领衔、相关区委办局和街道办事处等共同参与的组织领导架构;街道层面建立了由街道办事处、社区居委会、企业代表和居民代表等建立的各方联动和闭环管理的工作平台;社区层面建立了社区党委牵头的"党建共同体",由房管所党支部、愿景集团项目公司临时党支部以及物业党支部和居民党支部等的各个党支部形成组织联建、工作联合和党员联动的局面,以此为基础共同推进社

---

① 刘佳燕,张英杰,冉奥博.北京老旧小区更新改造研究:基于特征—困境—政策分析框架[J].社会治理,2020(2):64-73.

区综合整治(图3-12)。

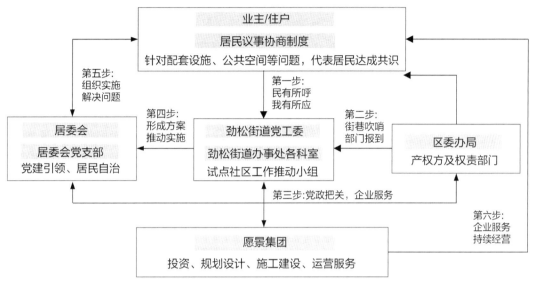

图3-12 劲松社区"五方联动"改造推进模式

资料来源:孙玉,章迎庆.社区更新规划设计[M].北京:中国建筑工业出版社,2020.

(2) 参与方式

在社区更新方案确定过程中,由愿景集团统筹,劲松街道邀请了责任规划师和第三方专业策划公司全程引导居民参与,依据居民需求,制订改造计划。

前期调研阶段,街道和企业团队通过现场调研、入户访谈以及组织座谈等方式收集居民的需求及对小区问题的反馈,以此作为项目整治的重点。在方案征集过程中,街道社区邀请了周边院校和社会机构多方参与设计,设计师小组驻扎社区进行沉浸式设计。方案征询阶段,改造的方案通过发放调查问卷、召开党小组会、居民议事会以及楼长会等方式积极征询居民意见,并通过居民的公开投票进行评选。投票采用居民过半、建筑面积过半的"双过半"投票方式来决定。项目实施过程中,将建筑空间、交通系统、景观环境、市政管线、安防消防、配套设施、标识系统、便民服务以及社区文化等落在一张规划"总图"上,并制订精细化作业方案。在后期运营中,结合青年、中年和老年人的差异化需求引入便民业态。及时对项目进行跟踪评估,定期回访居民,不断探索完善社区功能。

(3) 融资模式

在劲松北社区更新改造项目的融资方面,通过政府补贴、企业改造闲置空间获得合理收益、物业收费、付费服务以及商业收费等多种渠道,实现一定期限内"微利可持续"投资回报的平衡。

一是合法收益权确立。愿景集团通过社会公开比选成为劲松北社区的服务方,并与劲松街道办事处签订战略合作协议获取了为期 20 年的服务合同,由此确立了其合法的收益权。

二是政府的适度扶持。对于小区综合整治菜单中基础类项目,劲松街道通过向上级申请经费得到了北京市和朝阳区两级财政资金。对于不属于基础项目的社区完善类项目及其他提升项目由愿景集团投入经费进行改造。此外,政府让利于企,街道设置为期 3 年的物业扶持期,提供政府补贴,扶持期内社区物业费低于市场价,最大化让利于民。

三是闲置空间再利用。劲松街道和朝阳区房管局授权愿景集团对社区闲置低效空间进行改造提升并给予其 20 年经营权,通过物业服务、停车收费管理、空间租金以及养老托幼服务等,弥补其更新改造阶段的投资,并实现微利的投资回报平衡(表 3-6)。如将堆煤点改造成停车场,不仅填补了居民的停车需求,还通过停车收费有力补充了商业运营。

表 3-6　社区资本增值方式

改造前	业态	增值方式
自行车棚	自行车棚 + 可充电电动车棚	管理费 + 充电使用费
	综合服务便民商店(裁缝铺、钥匙店、便利店等)	租金
	美好邻里食堂	租金
配套设施用房	食品企业	租金
门面房	美好理发馆	租金
闲置空间	蔬菜零售、家政维修便民店	租金
	咖啡馆	租金
锅炉房 + 堆煤点	停车场	使用费
危楼原址重建	新增地上一层便民空间、地下空间	租金

四是物业收费模式创新。居民通过对专业物业服务进行"先服务、后体验、再收费"的方式,逐渐养成物业服务付费习惯[1][2][3],2020 年物业费收缴率达 82.16%,该社区是北京首个通过正规"双过半"程序引入专业物业管理公司的老旧社区。另外,愿景集团也做到了让利于民,通过为居民保留诸如"美好理发店"等公益扶持项目,巩固了企业与公众的信任基础与依

[1] 刘佳燕,张英杰,冉奥博. 北京老旧小区更新改造研究:基于特征—困境—政策分析框架[J]. 社会治理,2020(2):64-73.
[2] 白如冰,陈竹君,冯雪梅. 北京市朝阳区老旧小区物业管理转型升级探索与思考[J]. 城市管理与科技,2021,22(5):77-79.
[3] 梁浩,王佳琪,龚维科. 老旧小区改造促进传统住宅物业管理转型升级[J]. 城市发展研究,2021,28(8):1-5.

赖关系[①]。

4. 更新成效

2019 年 8 月,劲松北社区示范区域完工,在环境整治、业态提升和社区文化等方面有了较大改善,劲松北示范区的改造重点是"一街、两园、两核心、多节点"[②](图 3-13),"一街"指劲松西街,"两园"指劲松园和 209 小花园,"两核心"指社区居委会和物业中心,"多节点"指社区食堂、卫生服务站、美好会客厅、美好理发店、自行车棚及匠心工坊等[③]。经改造后,社区实现了多重功能的融合,社区功能与居民的实际需求高度匹配,居民的社区公共意识也不断增强。

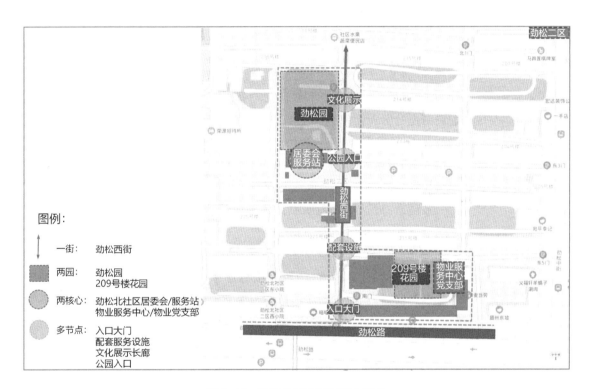

图 3-13 劲松社区示范区规划结构

资料来源:凌雪."劲松模式"老旧小区改造——用同理心做"有深度、有精度、有温度"的沉浸式设计[J].建设科技,2020(24):32-37,45.

---

① 姜玲,王雨琪,戴晓冕.交易成本视角下推动社会资本参与老旧小区改造的模式与经验[J].城市发展研究,2021,28(10):111-118.

② 凌雪."劲松模式"老旧小区改造——用同理心做"有深度、有精度、有温度"的沉浸式设计[J].建设科技,2020(24):32-37,45.

③ 江曼,原艺.为最终使用者服务——从劲松北社区改造谈起[J].住宅产业,2020(5):43-47.

劲松北社区是引入社会资本参与老旧小区改造的典型案例,"劲松模式"被写入了《北京市国民经济和社会发展第十四个五年规划和二〇三五年远景目标的建议》,也被纳入住建部科技示范项目《关于引入社会资本参与社区微更新的意见》[①]。这一模式探索了社会资本的参与机制,也推动了多项规划机制,优化盘活了闲置空间,提升了小区物业服务水平,得到了居民广泛的认可,社会示范效果显著,北京市住建委印发的《2020年老旧小区综合整治工作方案》中明确提出要在全市范围内推广"劲松模式"。

3.3.5 中国上海杨浦创智农园营造

1. 背景与特点

2015年,上海发布《上海城市更新实施办法》《上海城市更新规划土地实施细则》及《关于进一步创新社会治理加强基层建设的意见》等政策文件,此后上海在城市更新和社区治理领域开展了一系列规划设计实践。创智农园是社区花园系列微更新与社区营造相结合的一次探索。

2. 项目概况

上海"创智农园"位于上海市杨浦区五角场街道创智天地园区,所在的地块规划用地为街头绿地,占地面积2 000平方米。该地块所处位置地下为一条城市排污管廊,因而被用作临时工棚和闲置地,成为创智天地开发之后剩下的"边角料"[②]而荒废13年。

2016年,杨浦科创集团和瑞安集团对创智农园所在地块进行改造再利用,由瑞安集团代建代管,通过招投标选择了刘悦来组持的社会组织四叶草堂参与日常运维,创智农园成为上海首个位于开放街区中的社区花园[③]。

创智农园所在区块属于高密度复合型社区,社区公共空间较为稀缺。狭长三角形的地块被规划为设施服务区、公共活动区、朴门菜园区、一米菜园区、公共农事区和互动园艺区。

3. 更新过程

创智农园的建设先后经历项目策划、方案设计实施和项目运营维护等阶段,在不同阶段都充分考虑了公众的参与(图3-14)。

(1) 项目策划阶段

在项目策划过程中,设计团队兼顾了政府、企业、社会组织以及社区居

① 刘欣.京沪样本互鉴:公房小区的前尘与今世[J].北京规划建设,2022(1):15-20.
② 刘悦来,尹科娈,孙哲,等.共治的景观——上海社区花园公共空间更新与社会治理融合实验[J].建筑学报,2022(3):12-19.
③ 刘悦来,尹科娈,魏闽,等.高密度中心城区社区花园实践探索——以上海创智农园和百草园为例[J].风景园林,2017(9):16-22.

民等多方利益相关者的诉求(图3-15)。其中,在政府方面,包括区政府对地区发展和土地增值的诉求、绿地管理部门对环境品质提升并节约管理成本的诉求、街道办事处和社区居委会对社区和谐安定的诉求。企业方面的诉求包括建设、管理的成本和收益之间的平衡,并树立良好企业形象。社会组织方面的诉求主要包括设计理念的实践机会、品牌拓展和项目收益等。社区居民则较为关注完善社区功能、提升空间环境品质以及丰富社区交流活动等。

图 3-14 创智农园设计流程

资料来源:改绘自赵丹羽.以城市存量绿地更新探索社区治理实施途径——记上海创智农园建设始末[J].城市住宅,2019,26(12):46-52.

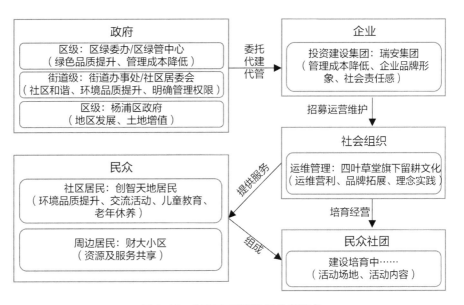

图 3-15 创智农园利益相关者诉求

资料来源:赵丹羽.以城市存量绿地更新探索社区治理实施途径——记上海创智农园建设始末[J].城市住宅,2019,26(12):46-52.

(2) 方案设计实施阶段

首先,创智农园的设计方案建立在广泛的基础调研和资料整理基础上,最大限度提高社区居民的参与程度,并充分考虑了使用者的需求,尤其是针对老年人群的社区绿化环境适老化诉求。其次,创智农园在建设实施期间,规划师、业主和运营团队每周都会到现场参加施工进度会议,通过及时的沟通,有效解决施工中遇到的问题①。此外,还邀请企业设计师创作了墙面涂鸦,动员附近复旦大学、同济大学等高校学生和周边居民参与到改造过程中,社区花园展区中打造的迷你花园源自园艺、景观设计、空间创意及社区服务类单位或个人的积极参与。

(3) 项目运营维护阶段

创智农园在 2016 年 6 月竣工,交由四叶草堂运营维护管理,四叶草堂联系多方资源,通过不定期组织开展自然保育和跨学科讲座沙龙、公益志愿项目、跳蚤市场、社区音乐会以及社区分享活动等多种形式的活动(图 3-16、图 3-17),激发多方参与的兴趣②。如围绕儿童的自然教育和自然认知课程进行自然种植,组织居民把自家植物带到花园与大家一起分享③等。同时,在社会组织的运维过程中,不断培育出社区内生力量,成为维持社区公共空间活力的可持续动力,如为方便大众更好地了解农园,社区各行各业的人自愿当起"导赏员",一些社会公益团体也被吸引过来利用农园空间开展活动和教育④,不断发展出诸如志愿者花园俱乐部、农园读书会等社区自治团体等。此外,居民租用农园地块进行农作物种植,这些租金用于农园长效的管理和维护。

4. 更新成效

创智农园项目得以成功的关键是调动多方力量共同参与设计营造和维护管理,充分体现了共建共享的社区营造模式。在政府层面,上海绿容局提出居民绿化自治的概念,杨浦区街道通过购买社会组织服务,将此公共空间的绿地营造和公共服务授权给了四叶草堂。在企业层面,地产商瑞安集团提供了主要的经费支持,该地产商注重通过社区的营造以提升地产价值,因此通过社会招募方式,聘请社会专业组织对荒地进行改造和管理运维。社会专业组织四叶草堂,结合当地情况培育民众团体,利用专业优势,通过花钱少效益高的自然种植来改善社区环境,并通过日常管理和运

---

① 曾荆玉,陈寅屹. 都市农业初探——以杨浦区创智农园为例[J]. 园林,2017(2):39-43.
② 刘悦来,尹科娈,葛佳佳. 公众参与 协同共享 日臻完善——上海社区花园系列空间微更新实验[J]. 西部人居环境学刊,2018,33(4):8-12.
③ 李洁,孙卫国,赵奕楠,等. 社区营造中的积极设计方法应用探究[J]. 南方建筑,2022(4):39-45.
④ 刘泽坤,郑之玎,曹宇晓,等. 社区营造中居民参与程度的思考——以上海市为例[J]. 价值工程,2018,37(13):29-31.

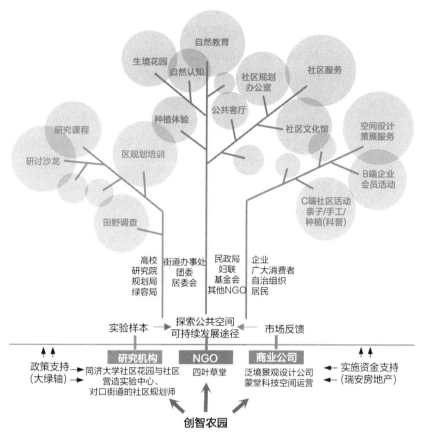

图 3-16 创智农园多元参与结构

资料来源:刘悦来,尹科娈,孙哲,等.共治的景观——上海社区花园公共空间更新与社会治理融合实验[J].建筑学报,2022(3):12-19.

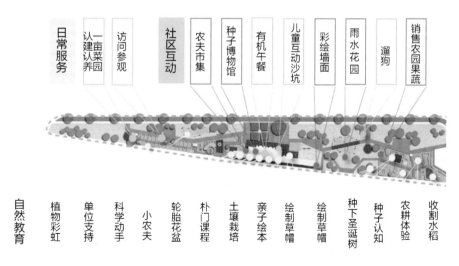

图 3-17 创智农园居民参与性活动分布图

资料来源:改绘自刘悦来,尹科娈,魏闽,等.高密度中心城区社区花园实践探索——以上海创智农园和百草园为例[J].风景园林,2017(9):16-22.

营组织社区社群活动提升社区活力①②。作为更新改造空间的使用者,社区居民的参与积极性也得到调动。

创智农园逐步成为社区花园系列城市存量更新、闲置地改造的标杆典范,也是社区农园建设的标准参照。目前创智农园已形成一定的社会影响力,吸引了更为广泛的社会力量加入社区花园和社区营造。其在运营过程中形成的显性知识转化逐渐延伸至上海其他社区,如志愿者 2016 年发起上海社区花园促进会,致力于推进上海 2040 食物森林计划等③。

3.3.6 小结

从典型实践案例经验可知,影响参与式社区更新实践成效的主要因素包括更新对象特征、参与主体、投资主体和规划师团队等。

社区更新涉及多种权属类型空间,既包括居民住宅,又包括住区公共绿地等小区业主共有的产权空间,还包括街区公共设施和街道空间等;既包括公房,又包括商品房,还包括混合住房产权的历史住区等。权属越复杂,参与式更新的组织难度越大,需要协调多方利益,如街道空间更新涉及街道周边住区居民、沿街商户和企业等多方利益主体,参与式更新难度较高。

社区人口结构影响参与式更新的模式和方法,如在老龄化严重、流动人口较多和居民收入水平较低的社区,参与式更新多由政府和社区规划师主导,采用"与人民共同规划"的模式;在居民受教育水平较高的社区,参与式更新可由政府和社区规划师引导,采用"由居民主动参与规划"的模式。

在参与式更新中起到核心推动作用的参与主体可能是地方政府及其基层代表(街道、居委会等)、企业、专家以及非营利第三方组织等。从实践经验来看,单一政府主导的社区更新因工作人员精力有限,往往较难有深入的参与成效。成功的案例往往采用政府与专家、企业或社会组织合作模式,如日本岛根县海士町社区营造是政府与社区规划师共同推动,北京劲松北社区改造是由政府和愿景集团共同推动。

从更新实践的投资主体来看,政府组织参与式更新一般是以社区及城市环境提升、社区自治能力提升和居民幸福感提升等为目标,而社会资本愿意组织参与式更新的动因是通过参与式营造获得居民的支持,产生持续的投资回报和良好的社会影响。

---

① 刘悦来,尹科娈,魏闽,等. 高密度城市社区花园实施机制探索——以上海创智农园为例[J].上海城市规划,2017(2):29-33.
② 邹华华,于海. 城市更新:从空间生产到社区营造——以上海"创智农园"为例[J]. 新视野,2017(6):86-92.
③ 杨煜. 生态社区治理中知识元素的作用机制:基于 SECI 模型[J].求索,2022(2):133-140.

第四章

参与式社区更新
规划方法探索

4.1 参与式社区更新规划的定义与内涵

参与式社区更新规划是以社区共同体建设为目标,通过更新规划方法,统筹多元主体,推动社区居民共同参与,共建美好家园,在提升居民参与感和获得感的同时,促进社区治理,并实现社区共同体的可持续发展。

参与式社区规划有效融合社区规划与社区共治自治,推动社区各类主体自动自发参与社区环境改造和空间治理,切实改善社区公共环境、提升居住内在品质。鼓励居民群众在共同解决社区问题过程中,内化契约意识和规则理念,涵养社区公共精神,建立社区公共秩序。推动各类主体在积极行动、共同建设的过程中,切实增强社区共同体意识和家园情怀,最终推动社区的全面可持续发展(图 4-1)。

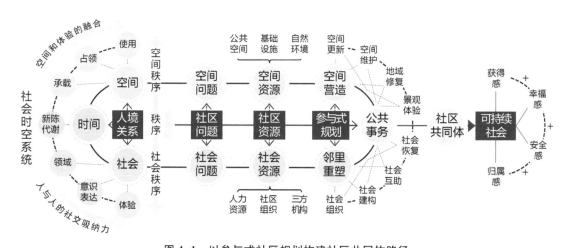

图 4-1　以参与式社区规划构建社区共同体路径

4.2 治理模式:从行政主导转向合作互动

多元参与主体互动交流形成的交互网络构成了社区治理的结构,随着参与主体的构成及角色不断调整,主体间的关系模式也不断发生变化并趋向合理。通过政府部门、社区规划师、社会组织与居民之间多样化的互动方式以寻找在地社区更新模式的最优解。

4.2.1　多元主体的角色转变

不同于传统的物质空间优化美化的目标蓝图式的社区规划,社区更新规划应该是"见物又见人"的规划,不仅要制订社区发展目标,还需解决既存的社区"物与人"的问题。社区更新规划的发起者、实施者和审议者由最初的政府全部担任,逐渐转变为政府部门、社区居民、社区规划师以及各类社区社会组织共同担任,在这个过程中,各方参与主体应逐步适应角色的转变。

1.　政府部门

政府的工作应从以往的"主导式"直接干预转变为"引导式"促进协助。在过去,政府的主要职责是直接参与和干预各类社区事务,这种方式已经越来越难以适应现代社会的快速发展和多元化需求。现在,政府更应扮演一个引导者的角色,通过制定政策、提供资源和协调各方力量等方式,引领多元主体共同参与并解决社区问题。首先,通过制定政策来规范和引导社区更新活动,促进社区发展的公平性和可持续性,保障社区更新工作顺利开展。其次,政府可以提供资源支持社区发展。这些资源包括财政资金、物资、设施和人力等各方面的支持。政府提供资源的方式需要充分考虑社区需求和资源分配的公平性,保证资源的合理利用和最大效益。最后,政府需充分发挥其协调和组织作用,通过召开座谈会、联合行动等方式,促进社区各方面力量共同合作,解决社区问题。

2.　社区规划师

社区规划师除了担任编制规划方案的"技术员"以外,还应承担起"宣传员""引导员"和"协调员"等多重角色。

(1) 技术员。运用专业知识提高规划前端的方案编制质量,保证规划的前瞻性和操作性,尽可能避免在规划审批和施工等环节出现问题。发挥规划师智慧,运用创造性的思维和设计手段,匠心助力社区内涵提升,实现"设计创造价值"[①]。

(2) 宣传员。社区规划师应将社区更新规划的理念目标、策略措施和工作流程等传达给居民和其他利益相关者,并在交流或汇报规划方案时,采用适应社区语境的表达方式,有意识地将专业术语转译成普通居民可以理解的呈现方式。

---

① 陆勇峰. 老旧社区人居环境"微更新"的理念创新与规划实践——以上海"美丽家园"建设为例[C]//2019城市发展与规划论文集,2019.

（3）引导员。社区规划师应策划各类活动提升居民参与社区更新规划的积极性，并设计"正义"的程序来保障居民有效参与，引导居民准确表达自身诉求，提升规划编制的过程正义，激发居民参与意识，培育社区自治能力，推动社区重塑。

（4）协调员。搭建多方沟通平台，作为第三方力量，基于技术理性，协调和平衡社区内外不同利益群体的诉求，让规划尽可能体现大多数利益相关者的共同意志，特别是要维护弱势群体的利益，最终协调各方参与者达成共识。

3. 社区居民

社区居民应从社区更新规划的客体转变成"主体"，居民参与的焦点从"是否"参与转为"怎样"参与[①]。第一，应该赋权于居民，使其在规划的各个阶段拥有发言的权利，充分表达意见和需求；第二，促进公众参与，建立平等的对话机制，使所有居民的利益均得到表达，尤其是社区中的老年人和外来务工人员等弱势群体的利益不能被忽视；第三，赋能于居民，通过培训、交流和引导等方式，使其能顺利准确地表达自身诉求；第四，制定保障机制促进社区居民的长期参与，从而有利于社区更新规划成果的维护和社区自治的可持续发展。

4. 社区社会组织

参与社区规划的各类社区社会组织可能包括在民政部门注册的社会团体、各类基金会和协会，以及在社区备案的志愿者团队和社区自组织等。

从国内外经验来看，社区社会组织介入社区更新规划主要有三种模式，分别是主导型介入、治理型参与和协助型介入（表4-1）[②]。主导型介入是指由社区社会组织向社区提供资金、人力和物力等资源和发展要素，在项目中起主导作用；治理型参与是通过召集社区内部居民成立社区内部组织的方式参与社区更新项目中；协助型介入是指擅长某一专业领域的服务型社区社会组织，以协助者的身份角色介入，如承担社区绿化、就业培训或文体活动等。

基于我国国情，社区更新规划以治理型参与和协助型介入较为适用。在这两类参与模式下，社区社会组织与基层政府部门建立良好的合作关系，通过政府授权或政府购买服务等方式积极介入社区规划，循序渐进地承担政府下放的权力和向外转移的职能。

---

① 洛尔,张纯. 从地方到全球:美国社区规划100年[J]. 国际城市规划,2011,26(2):85-98,115.

② 庞国彧. 非政府组织介入城市社区规划的模式研究[D]. 杭州:浙江大学,2017.

表 4-1　国内外社区社会组织介入社区发展的模式汇总

模式	主导型介入	治理型参与	协助型介入
介入阶段	通常发生于新建、更新及重建等建设过程	通常发生于新建、更新及重建等建设过程	通常发生于建成社区的日常运行阶段
介入方式	社区自治组织自发承担管理社区事务；外部组织进入社区进行扶持	由政府和社区授权、获取社区居民认可而组建和运行	依托政府购买、基金资助等途径进入社区
介入程度	主导社区议题、发展计划、项目执行等重大决策	通过监督和公众参与的组织实施来影响项目开展，确保项目符合各方利益	较少涉及社区议题和发展计划
组织类型	实力较强的基金组织、执行组织、非营利设计机构、社区内部自治组织	获得正式授权认可的自治性组织或机构	平台型非营利组织（NGO）或借助前者而进入社区的小型服务型 NGO
身份地位	资金提供者、主要执行者	主要的协调者和监督者	外部协助者
工作内容	确定社区议题、发展计划、建设内容和持续实施执行	制定协调机制、组织公众参与、项目过程监督、开展项目评估和反馈	提供社区公共服务、开展各类社区活动
所起作用	提供社区发展资源，把握项目运营方向	提供协调和监督，帮助多方达成共识，使项目利益获得最大公约数	协助实施发展计划，支撑社区日常运转
后续发展	帮助社区持续应对不同发展阶段的不同议题	脱离项目后向社区自治组织转型	撤出社区或继续寻找合作机会

资料参考：庞国彧.非政府组织介入城市社区规划的模式研究[D].杭州：浙江大学,2017.

　　社区社会组织是老旧社区更新缺乏市场驱动力的情况下推动社区更新的重要社会资本。要培育和利用这些社区社会组织的力量，可借鉴美国经验，尝试培育社区发展公司（Community Development Corporation, CDC）此类的社会组织，规模化经营以拓展社区服务能力和质量，减轻社区规划中的资源和成本负担[①]。20 世纪 60 年代，美国为推进社区发展，成立了准政府性质的社区发展公司，原先隶属于政府部门的社区规划编制权力也逐渐由政府转至社区发展公司。社区发展公司对内挖掘社区资本、向居民提供技能培训、组织居民参与社区活动，并直接参与社区更新目标制订、方案编制和运营管理等多项工作，对外链接各类市场和社会资源进入社区，并

协调政府、居民和地产开发商等多元主体之间的合作关系,旨在推动社区更新。社区发展公司在资金筹措方面具有较大优势,既可以直接获得政府部门的资金支持和政策优惠,又具备商业运作的权利。保证其通过投资经营获取收益支持机构运行,既不完全依赖于政府,又不受制于市场利益,从而成为除政府主导和市场化运作外的第三条更新路径①。

4.2.2　参与式规划平台搭建

良好的沟通协商平台的搭建是在基本不改变现有社区管理结构的前提下,形成更广泛的公众参与、协调解决多元利益主体诉求、加强透明准确社区信息传递和构建上下畅通的沟通反馈机制的基础。可利用线上和线下相结合的手段,构建并不断创新多样化的信息沟通渠道。

线下可由社区居委会等部门牵头,设立社区规划师工作站、居民议事会、社区听证会以及小组交流会等各种议事机构,将居委会、业委会、物业公司、楼组长、社区能人以及各类组织(如社区老年协会)等吸纳进来,借助这些议事平台进行面对面交流,实现社区信息资源共享、社区治理主体互融共进和社区难题分歧互商共解。

物联网的发展、新媒体的普及以及数据信息可视化的发展为线上公众参与方式带来新机遇,微博平台、微信平台、抖音视频、App 和信息可视化网页等新媒体方式作为信息收集与发送渠道为参与式规划平台的构建提供基础,二维码、基于位置的社会网络(Location-based Social Network,LBSN)、应用程序编程接口(Application Programming Interface, API)、三维立体建模、全景展示、虚拟现实(VR)以及大数据等技术的发展为参与式规划平台的构建提供技术支持②。以北京城市象限科技有限公司的数据平台为例,该平台设计了不同的产品板块用于公众信息监测、收集和反馈,公众可通过微信小程序实现"感知—认知—干预—决策"的合作式社区规划和社区治理(图 4-2)。其中社区调查系统(云雀象限)的移动端基于微信小程序开发,方便居民通过随手拍的方式对社区问题进行提议文本撰写、拍照和在地图上扎针或者绘图标注;桌面端可以发起问卷调查,并对公众参与或调查结果进行同步展示和统计。

线上和线下参与式规划平台的搭建有助于建立规划方案生成、规划方案实施以及更新成效评价的常态化反馈机制。社区规划师可通过平台向公众公示社区规划和展示实施过程中的问题,也可动态接收公众的反馈信

---

① 沈毓颖.社区更新的多方协作机制:美国社区发展机构的启示[J].住区,2021(6):138-145.

② 孙谦.数据化时代历史街区保护公众参与及平台搭建研究[D].武汉:华中科技大学,2016.

息来及时修正和完善规划内容,从而促进社区居民从阶段性参与向全过程参与、从被动式参与向主动式参与的转变。

图 4-2　云雀象限小程序界面

资料来源:云雀象限小程序 http://www.urbanxyz.com/(2022-04-23).

4.2.3　社区规划师工作机制

社区规划师工作机制的完善在于通过制度化保障,培养具有较高专业素养、扎根基层、助力社区可持续发展的社区规划师队伍,实现以空间治理凝聚共识,以制度优化促进社区治理效能转化。

1. 明确社区规划师岗位标准和职责范围

在创新社会治理背景下,我国多地结合自身实际情况与管理诉求,探索形成了适应本地区发展需求的个性化社区规划师工作模式,归纳起来主要有两种模式:一是社区规划师以第三方角色介入社区规划,在规划、建设和管理等环节上起到重要的衔接作用,也承担了设计之外的民意调研、部门沟通和参与组织等工作。如上海市静安区彭浦镇的社区规划"PPP"模式,即规划(Planning)、公众参与(Participating)、实施(Put-into-effect)(图 4-3),依托静安区基层治理中既有的"三会一代理"平台和"1+5+X"自治模式,建立社区规划工作机制,为居民、政府、规划师和建设方搭建了一个高效的协同平台,协调各参与主体角色扮演和职责分工,从而积极有效地推动社区更新[①]。二是社区规划师融入正式的治理结构中,其角色演化成街道层级的专设机构或职务,如北京"责任规划师"模式(图4-4),海淀区等一些街镇为

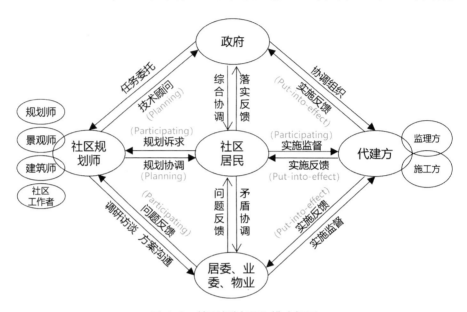

图 4-3 社区规划 PPP 模式框图

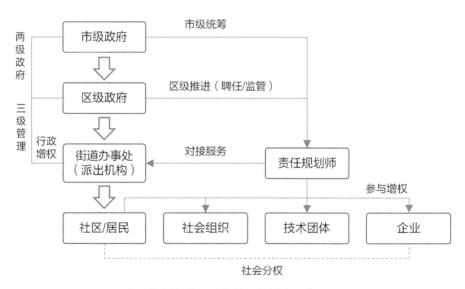

图 4-4 责任规划师介入后的基层规划治理体系与权力格局

资料参考:唐燕.北京责任规划师制度:基层规划治理变革中的权力重构[J].规划师,2021,37(6):38-44.

① 匡晓明,陆勇峰.存量背景下上海社区更新规划实践与探索[C]//规划 60 年:成就与挑战——2016 中国城市规划年会论文集(17 住房建设规划),2016:308-318.

责任规划师设置街道主任助理岗位,使其更好地融入正式行政管理体系,规划师介入后的基层规划治理新体系表现出更为多元的角色参与和更加均衡、多向的关系互动①。

不论是哪种模式,都离不开社区规划师工作机制的构建和完善,明确他们在基层治理结构中的地位和职责,制订具体的工作计划和任务,以保证社区规划工作持续、有效地开展。

2. 健全社区规划师队伍遴选和管理机制

目前我国社区规划师主要由规划专业高校师生、设计单位和行业专家构成,多采取以街镇为单元的"一对一"服务模式。在实际操作过程中,社区规划师较难同时服务于多个社区的全周期更新改造,社区规划师数量存在较大缺口。未来需要全社会持续关注,制订多样化和灵活化的社区规划师遴选机制,不断加强社区规划师队伍建设,可考虑以下路径:①专业背景多样性。社区规划师可以从不同专业背景的人员中进行选拔,既包括城乡规划学、建筑学、景观学和市政工程等工科专业,又包括社会学、法学和经济学等专业。②人员构成多元化。社区规划师既可以是相关专业高校师生、政府管理人员和社会组织,又可以是具备专业素养的热心人士。③遴选方式便捷化。既可以由政府协调委派,又可以参考国外的做法,在规划师协会网站上公布社区更新规划援助申请表格,由具备相关专业学习工作经历、有一定规划专长和经验以及热心社区事业的规划师自愿报名。

此外,可以根据需求考虑设立区层面的责任规划师,协助区政府统筹片区内的更新把控、计划纳入和规划落地,组织社区规划师的定期培训和沟通交流,打破空间边界的限制,在更大层面为空间和资源的高效配置、服务要素的合理流动提供创新支持②。如成都市成华区对应区级、街道和社区层面形成三个层次的社区规划师,分别为"社区规划导师团""社区规划设计师"和"社区规划众创组",通过三级队伍联动协作,实现社区规划师陪伴式社区营造。

3. 加强社区规划师的培养和学习机制

随着社区更新规划向政策端和实施端扩展,对多样化专业人才将会有更多更高的需求,高校的专业教育、规划行业和基层政府应该及时应对。

高校方面,在城乡规划学成为一级学科后,可考虑下设"住房与社区建设规划"方向二级学科,在其教学体系中增设或完善社区更新规划相应教

---

① 唐燕.北京责任规划师制度:基层规划治理变革中的权力重构[J].规划师,2021,37(6):38-44.

② 朱弋宇,奚婷霞,匡晓明,等.上海社区规划师制度的实践探索及治理视角的优化建议[J].国际城市规划,2021,36(6):48-57.

学课程和实践环节,让学生具备一定的社区更新规划基础知识和技能,重点加强沟通协调能力培训。

对传统规划院的规划师,通过建立社区规划师培训基地、有针对性地开展社区规划师"全科医生式"职业技能培训以及组织社区规划师参加学术会议等方式,提高社区规划师的专业水平和综合素质,以适应不断变化的社会需求。

基层政府部门可以结合自身特点,选择具有一定专业基础或工作经验的人员,开展社区规划基础知识培训,结合其长期在基层工作的优势,让其承担社区规划师的部分工作。

4. 完善社区规划师工作保障和激励机制

社区规划师的工作需要很高的专业素养和技能,而且工作内容的复杂性和难度也很大。因此,应建立相应的保障机制,根据社区规划师的实际工作内容和服务时间合理提供工作报酬,从"为项目买单"转向"为智力买单",即对社区规划师持续的智力投入的认可,提倡多样化的服务购买模式确保质价相符,如上海杨浦区社区规划师按年度支付报酬。此外,也可建立相应的激励机制,如将社区规划师工作与优秀规划师评选和职称评定等挂钩。

4.3 参与程序:从咨询表决转向全程参与

当前我国绝大多数社区更新规划中的公众参与程度还处于公众参与阶梯的初级阶段,参与方式主要有三种:一是在规划编制过程中的询问和座谈等形式的调查;二是在规划方案编制完成后,专业人员对公众所做的设计宣传和询问等;三是公众对规划方案的投票表决。这几种参与方式按照谢莉·阿恩斯坦的观点都只能归为象征性参与,从本质上说只是一种被动的"告知"和"咨询"式参与。随着创新社会治理理念的不断强化和居民参与意识不断觉醒,社区更新规划中居民的参与方式也逐渐扩展和深化,居民在社区更新规划中的参与阶段也由最初的方案完成后的咨询表决逐渐转为社区更新全过程的参与。

4.3.1 社区更新规划的参与方式

1. 参与阶梯的本土化模型思考

谢莉·阿恩斯坦的参与式阶梯是以"权力"为主线构建的,由于国情差异,并不适用于我国。笔者基于自身认知,尝试构建适合我国本土的社区更新规划居民参与阶梯模型(图4-5),居民参与阶梯从低到高依次是旁观、告知、咨询表决、尝试介入、认同参与、主动影响、合作决策和居民主导八级,其中旁观和告知属于无参与阶段,咨询表决、尝试介入和认同参与属于配合式参与阶段,主动影响、合作决策和居民主导属于自主式参与阶段。

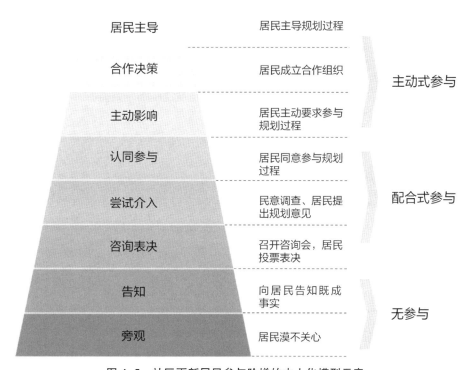

图4-5　社区更新居民参与阶梯的本土化模型示意

　　在旁观梯级,居民通常对社区更新规划并不关心,没有参与意识;在告知梯级,仅将社区更新既成事实的方案告知居民,居民并没有更改方案的权利;在咨询表决梯级,以召开咨询会的方式邀请居民对规划方案进行投票表决,虽然居民有权利投反对票,但由于方案已经成形,绝大多数参与者都会表示同意,最终采用少数服从多数的方法,个别居民的反对意见也较少有机会对规划方案产生实质影响;在尝试介入梯级,规划方案编制前期就会邀请居民提出自身诉求,规划师通常会对居民诉求选择性采纳;在认同参与梯级,政府和规划师尝试邀请居民参与更完整的规划过程,居民对规划方案的有一定的影响;主动影响梯级,居民主动要求参与规划过程,通过积极提供意见而对规划方案的影响较大;在合作决策梯级,居民通过成立社区组织等方式,与政府和规划师进行合作,共同编制规划;在居民主导梯级,规划师转变为咨询师角色,政府转变为协助者角色,由社区居民自主制订社区更新方案。

促进居民的自主式参与是未来参与式社区更新规划的方向(图4-6)。在自主式参与阶段,除了常规的意见征询、投票表决、线上互动、半结构访谈以及现场征询会以外,组织会议是必不可少的一种参与方式。很多规划师都曾经组织过居民会议,但是如果采用的方法不得当,则会议的收效甚微。

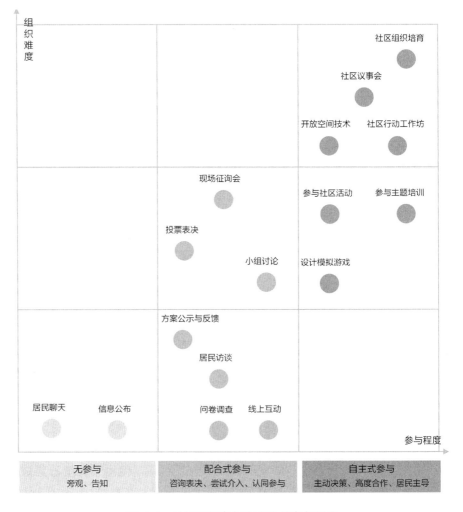

图4-6 社区规划参与方式及其参与程度

2. 几种常用的会议工具

值得借鉴的会议工具有社区议事会、"开放空间"技术(Open Space Technology)、社区行动工作坊、世界咖啡(World Cafe)会议、未来探索(Future Search)以及罗伯特议事规则等,本节主要选取三种适用于社区更新规划的方法,分别是社区议事会、"开放空间"技术和社区行动工作坊。

1) 社区议事会

(1) 简介

社区议事会是社区会议的一种形式,围绕社区公共事务开展,邀请对象包括同一社区的居民和与社区相关的所有利益相关者。适用于居民之间、居民与基层政府、居委会之间定期进行对话。会议一般安排充分的时间,会议具有明确的规则,社区可依据具体情况对会议流程进行调整,会议中达成的共识将作为政府、社区决策的重要依据。

(2) 原则

社区议事会以四项重要原则为基础。

原则一:居民自愿参与

会议组织方没有具体明确的挑选或邀请参与者,而是以公开方式发布会议信息号召居民积极参加,会议信息包括会议议程、地点和时间,同时通过社区宣传栏、微信公众号等形式事先向居民公布上次会议记录,使居民有足够时间了解事态的发展。

原则二:每个人都可以发表看法

每次会议都应针对某一特定议题展开深入讨论,确保居民可以在细节问题上发表意见。为确保参会人员充分表达自身意见,社区议事会人数最好要少于 100 人,理想的参会人数为 20~30 人。与会者可以从自身利益出发提出建议、异议、需求和愿望,只要不违反道德和法律,都不应加以指责。

原则三:决议采用多数裁定原则

会议应在严格的规则引导下进行,这些规则可在会议开始前由全体参与者共同制定以确保其约束力。决议的形成遵循少数服从多数原则,会议结果应被准确记录并予以公开。

原则四:基层政府和居委会需要回答居民提出的问题

会议中必须给予居民公开向基层政府和社区居委会提问的机会,对于居民的这些提问,基层政府和社区居委会必须予以答复。

(3) 组织程序

社区议事会一般由七个阶段构成,分别是欢迎、确认上次的会议记录、信息通报、问答、围绕议题的讨论、达成共识和告别(表 4-2)。

表 4-2　会议阶段、会议内容与参与式功能

序号	会议阶段	会议内容	参与式功能
1	欢迎	签到、欢迎致辞、嘉宾介绍、介绍会议议程等	向与会者表达感激

序号	会议阶段	会议内容	参与式功能
2	确认上次的会议记录	每一次社区议事会都要确认上一次会议的记录,检验会议记录是否符合发言者的原意,如果没有人提出异议,则会议记录被确认有效,如果有异议,相关人员发表意见决定是否采纳异议	提出异议
3	信息通报	一般由基层政府委托主持人将社区发展重要信息向居民进行清晰传达,使居民了解到社区最新发展情况,如政府决策、活动发布等。该阶段是单向进行的,不进行提问和解答	满足居民的信息需求
4	问答	居民可对自己想要了解的与本次会议相关或其他任何与社区发展相关的问题发起提问,基层政府和居委会成员可采用多种形式进行回答,如现场回答、邮件回复以及个人会谈等	寻求答案
5	围绕议题的讨论	主持人紧密围绕提前设计的会议议题组织参会者充分交流,需要保证每个参会者利益	交流观点
6	达成共识	通过决议过程,实现利益的平衡并确定优先实施的事项,此过程包括达成共识和妥协让步,而妥协让步必须出于自愿 对于不同的想法可采用投票方式作出决定,可制定相对多数(采纳获得投票最多的提议)、绝对多数(多于50%的参与者支持的决议)和有效多数(多于三分之二或四分之三参与者支持的决议)等不同原则	表明立场
7	告别	主持人对所有参与者的工作给予感谢,并发出下一次会议的邀请	发出下次会议邀请

资料参考:宋庆华.沟通与协商:促进城市社区建设公共参与的六种方法[M].北京:中国社会出版社,2012.

(4)适用

社区议事会的方法不适用于解决急迫性问题,它以定期举行的形式来加强社区居民、居委会、业委会、物业公司和政府之间的沟通,确保社区公共事务的透明性,逐渐建立信任和提升居民参与的积极性。

2)"开放空间"技术

(1)简介

"开放空间"技术是 1983 年由哈里森·欧文(Harrison Owen)设计的一种民主协商讨论会议的形式,通过创造一个可以相互讨论的平台,没有设定的答案,参与者以开放的心态随时准备迎接惊喜,勇敢提出自己的看法,同时也敞开心扉,倾听别人的想法^①。

"开放空间"会议一般持续半天到三天,所有的利益相关方都可以参加,参会人数可以从十余人到上百人,由参会者自行讨论,达成共识,组织者会制订出相应的行动计划,活动结束后邀请各利益相关者参与执行。该方式有助于激发参与方的创新能力,提高参与的积极性。

(2) 原则与法则

"开放空间"有四项原则。

原则一:在场的人就是合适的人

人们按照自己的兴趣自由加入小组讨论,不要在乎参与者数量,一直坚持参加的人就是最合适的人,代表着对同一话题的关注,可信任所有参与者的能力,不用在乎那些你希望他参加而没有加入的人,可能是该议题对他没有足够吸引力。

原则二:凡是发生的都是有原因的

会议可能不会完全按照预想的流程开展,难免会遇到一些"意外",不要试图终止这些"意外",需要我们用创造性的办法去应对它们,也许现在的进程恰恰是最好的走向。

原则三:只要开始了,时机就到了

人的创造力不属于既定的时间,有时还没有做好准备,但参与者已经开始讨论,没关系,只要开始了,时机就到了。

原则四:过去了的就让它过去吧

如果小组在规定时间结束前就完成了讨论,那就可以解散了。也无需纠结于讨论中出现的分歧或问题,向前看最重要。

一个法则:"两脚法则"

每个参与者都可以走进任何一个讨论小组,也可以随时离开讨论小组。在哪里可能有更多的兴致,就可以去哪里参与。

会议中可能出现两类参与者,一类可以比喻为"蜜蜂",他们善于运用"两脚法则",从一个组飞到另一个组,贡献自己的观点;另一类可以比喻为"蝴蝶",他们什么组都不参加,但是正是这种随意的方式为会议制造了轻松、开放的氛围。

(3) 组织程序

"开放空间"一般由七个阶段构成,分别是开幕式、提出讨论话题、小组讨论、达成共识、行动计划、闭幕式和后续活动(表 4-3)。

---

① OWEN H. Open Space Technology：A User's Guide[M]. San Francisco：Berrett-Koehler Publishers，1997.

表 4-3　开放空间的基本会议程序

序号	工作内容	任务	人员	时间
1	开幕式	主持人介绍会议原则、法则、总议题以及其他基本情况	全体	20～30 分钟
2	提出讨论话题	主持人鼓励参加者基于总议题提出感兴趣的讨论话题,并由参与者自己向大家介绍来吸引人加入,同时将该议题贴在预留的墙面,形成讨论主题的"集市"。 对于类似的主题可以在取得发起者同意后进行合并讨论。 对于不想提出议题的参与者,可以选择自己感兴趣的话题下签名。 也可以选择做"蜜蜂"或"蝴蝶"	全体	根据参与者人数而定,话题发布每人一分钟;主办方安排讨论话题时间一般控制在 20 分钟,这时可以安排参与者茶歇
3	小组讨论	对同一话题感兴趣的参与者组成小组,展开讨论。小组应选出主持人、记录人、汇报人、时间控制员	小组工作	小组讨论 45 分钟,大组分享 15 分钟,共 60 分钟
		根据话题数量可以进行多轮小组讨论,工作任务和分工同上	小组工作	同上
4	达成共识	主办方或会议志愿者收集所有讨论结果并公布给参与者,并请参与者选择(可以采取投票的方式)自己所支持的想法或愿意为之贡献的项目	全体	20～30 分钟
5	行动计划	针对集中的想法或者项目,参与者重新组成行动小组共同探讨解决途径或者共同制订行动计划,要求具备可操作性和可实现性	小组工作	60 分钟
6	闭幕式	发放"讨论结果记录册",主持人感谢全体参与者	全体	10 分钟
7	后续活动	行动小组可以邀请项目涉及的利益相关方参与讨论并进行职责分工,共同执行计划或者开展项目		

资料参考:宋庆华.沟通与协商:促进城市社区建设公共参与的六种方法[M].北京:中国社会出版社,2012.

(4) 适用

"开放空间"的参与者可以来自不同的社区,代表多个利益相关者,对于问题相对复杂、涉及的利益相关者较多时,是较好的一种选择方式,便于快速收集并整理大家的意见。如在街道空间的更新、多个住区的合并更新等类型中可以尝试使用。

3) 社区行动工作坊

(1) 简介

"社区行动工作坊"是由加拿大和谐基金会提出的一种有效开展互动

合作的工具,在其出版的《社区行动研习手册》中进行了详细介绍。

"社区行动工作坊"的参与者包括社区居委会、居民、生活在一起并共同关注相同问题的居民以及愿意为建设社区而采取行动的居民。参与者以 20 人左右为宜,采用简短的开放式会议形式,就参与者共同关心的问题,引导参与者一起分析问题产生原因,思考解决方案,进而制订行动计划并自发组织行动,共同建设更繁荣健康的工作和生活场所。

(2) 组织程序

阶段一:前期准备

组织社区居民加入工作坊,参与者应是能在后期行动中也能参与实施的社区居民。最好有书面形式告知参与者工作坊的价值、其在工作坊中承担的职责。组织参与者对社区实地考察、熟悉场地,通过居民访谈及发放"社区概况调查问卷"等形式,事先了解社区居民普遍关心的问题。

阶段二:工作坊阶段

一般持续 4 小时,建议采用圆桌形式,通常包括以下四个步骤。

铺垫:通过"破冰"小游戏帮助参与者互相认识,建立团队意识,营造工作坊氛围。介绍日程安排以及希望达到的预期成果,引导参与者共同制定工作坊讨论原则。

寻找问题:引导参与者通过头脑风暴提出社区问题,归纳出参与者共同关心、期望解决的问题,并选取若干个参与者希望在本次工作坊中讨论的问题。针对每个问题,引导参与者分组讨论,分析各自问题产生的原因,分析利益相关者和解决问题需要的资源,设想解决问题后希望达到的目标。

走向行动:每个小组针对各自问题讨论结果制订行动计划,讨论由谁参与、需要什么、何时开展、怎样开展和何处进行等问题,并了解落实行动将遇到的挑战,挖掘可利用的资源,创新解决方案。各小组记录员记录下讨论结果并分享给大家。

为下一步作准备:总结、回顾、评估本次工作坊成效,帮助参与者了解后续工作。每个小组确定 1 名联络员,以便后续工作开展。参与者可把行动计划在社区中公布,鼓励更多居民参与。

阶段三:后续工作

工作坊引导员与社区项目小组保持联络,了解项目进展,调动参与者积极性,可进行阶段性评估,并为其提供必要信息和建议。

(3) 适用场景

适用于单个住区或同一利益群体等有清晰目标和共同愿景的人群,在社区问题较为简单的情况下,帮助社区通过参与式讨论就共同关心的问题达成共识,制订社区行动计划并付诸实施。

4.3.2 社区更新规划的工作流程

　　本书从规划、建设和管理全周期视角,建构社区更新规划"五元"流程体系(图 4-7),将社区更新规划的工作流程大致分为项目策划、现状评估、规划编制、规划实施和运行维护共五个阶段,本节将探讨各阶段适用的参与方式(表 4-4)。

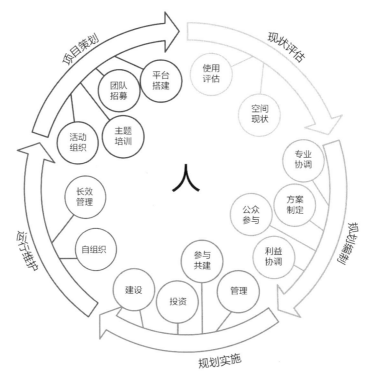

图 4-7　社区更新"五元"流程体系

表 4-4　社区更新规划各阶段的参与方式

更新阶段	参与方式	主要作用
项目策划	社区活动组织、参与平台搭建、核心团队招募、参与者培训	提高居民积极性、培育居民参与能力、构建正式畅通的参与平台
现状评估	问卷调查、居民访谈、社区会议("开放空间"技术、居委座谈会、小组讨论会)、居民活动观察、线上互动	充分了解社区资源、社区问题和社区需求
规划编制	现场征询会、社区议事会、设计模拟游戏、投票表决	通过多轮沟通不断优化规划方案

续表

更新阶段	参与方式	主要作用
规划实施	居民监督、社区规划师协调	及时发现方案实施过程中的问题，提出解决措施
运行维护	居民自组织治理	鼓励社区居民参与社区运营维护，形成长效动态治理机制

1. 项目策划阶段

项目策划阶段的主要目标是提高居民积极性、形成正式畅通的参与渠道以及培育具有社区更新规划参与能力的社区居民，主要包括社区活动组织、参与平台搭建、核心团队招募和参与者培训等工作。

社区活动组织：通常在社区更新之前，可在社区中组织摄影、书法、绘画、老照片展览及老邻居聚会等多种形式的文化娱乐活动，特别是以儿童为核心的开放式活动，如亲子运动会。发挥这些活动的触媒效应，让居民在有趣的活动中增进感情，加深社区认同感与归属感，建立伙伴关系，增强居民参与社区更新规划的积极性。

参与平台搭建：开放的沟通渠道和有效的沟通机制是促进居民参与的重要保障。利用微信公众号、宣传栏、海报、微博、微信群、短信以及网络直播等多种宣传方式让社区中不同利益群体、不同年龄层面的人群能从多元渠道接收信息，形成引导居民、产权单位、政府、辖区机构、社会组织、社区规划师、物业公司、居委会、业委会以及各种社会力量畅通表达的社区更新规划参与平台。也可依托基层社区治理既有的各类平台和议事规则，形成常态化、制度化的沟通保障。

核心团队招募：连接整合各类资源，在社区中选举出有意愿、有能力和有时间的居民加入参与式更新规划核心团队，团队应尽可能包括所有利益相关者类型，年龄结构应相对均衡。挖掘和培育社区能人担任团队领袖，加强团队建设，培养团队和谐的人际关系及相互合作的意识。

参与者培训：邀请在社区规划、社区治理等领域有长期理论和实践研究经验的专家学者对社区更新规划的参与者进行培训，培训主题包括理念学习、案例介绍和政策解读等，培训方式以讲授为主，也可安排分组讨论和实地参观。通过培训减少参与者因缺少专业知识和技巧导致其在社区更新规划参与中遇到的障碍，提升其在社区更新规划过程中的参与和执行能力，使其成为社区更新规划所需的理论和实务兼具的社区人才，并具备自主协助社区成长的能力。社区培训不仅是前期阶段的工作，也是贯穿全程的重要环节，培训内容可以根据更新过程与需求变化进行进阶调整。

2. 现状评估阶段

在现状评估阶段，需要系统评估社区的各项资源和空间使用现状。社区规划师团队在社区工作人员的协助下，通过问卷调查、居民访谈以及各类会议方式充分听取居民意见，结合现状踏勘、居民活动观察等多种形式对社区现状细致的摸排，进行社区资产、社区问题和社区需求汇总。在此阶段，让社区居民充分认识到自身拥有的可利用社区资本，与居民共同分析提出当前社区中可能存在的物质空间问题和社会问题的解决策略和措施，并制订社区更新的空间、社会和经济发展目标。

3. 规划编制阶段

需要说明的是，每一个更新项目均需要考虑投资预算问题，在不同的资金条件下，制订合理的更新方案。在规划方案编制阶段，社区居民和各利益群体充分表达诉求，社区规划师进行技术协调和方案编制，政府部门负责组织统筹和利益协调，通过集思广益、共同协商不断完善优化规划方案。

规划方案的编制一般包括初步草案、深化方案和实施方案等多轮反复沟通调整过程。①初步草案：该阶段一般由社区骨干代表参与团队初步沟通，进行初步方案编制。②深化草案：参与成员可以先扩大到楼组长和热心居民等社区居民代表，深化草案确定后再向社区全部业主公示方案。③实施方案：面向所有业主启动草案方案投票表决程序。社区规划团队应当充分、细致的向居民讲解规划方案，在社区工作人员协助下发放选票，并向居民阐述其投票权和表决权，所有业主进行民主表决，表决结果向全体居民公示。此后，社区规划师团队应组织规划评审并深化方案。社区规划师团队与社区居民、政府相关管理部门等不断沟通，结合投资预算制订项目的实施方案和行动计划。

4. 规划实施阶段

本阶段为具体施工建设和验收环节，由社区规划师统筹协调投资方、建设方、管理方和社区业主等多元主体参与共建。多元参与主体全程进行施工监督，社区规划师定期现场监督设计方案的落实情况，及时了解各方监督意见，并根据项目建设中存在的现实问题进行现场协调，实时调整细节内容，促进方案实施落地。

5. 运行维护阶段

在方案竣工验收之后，社区规划师团队将后期的社区维护等工作移交给居委会、业委会、物业公司和社区团体等，通过社区"事务"的谋划，促进后续居民参与维护并形成居民交往互动，引导社区构建空间治理的长效机制，鼓励居民参与社区更新成果的运维过程中，促进更新成果的长效治理。

4.4　技术方法：从改造提升转向综合治理

转变传统"平改坡"等相对单一的房修类工程改造思路，注重系统化的社区更新方法，并以"设计创造价值"为理念，借助规划师团队智慧，加强社区在人文、生态、低碳、智慧和治理等方面的内涵提升，实现高品质、参与式和可持续的社区更新。当前，老旧社区物质空间层面的核心问题普遍集中在交通、建筑、安全和环境四方面(表 4-5)，本节将结合团队近年来的社区更新实践，重点介绍这四方面的更新技术方法以及新理念在其中的应用，并形成老旧社区更新模块化产品"工具包"，辅助参与式社区更新规划决策。

表 4-5　不同建设年代的老旧住区物质空间方面的主要问题

现状问题		住区类型 20世纪80年代以前以工人新村为主	20世纪八九十年代以大型居住区、补贴性商品房为主
安全方面	管线杂乱	●	●
	生命通道堵塞	●	●
	监控设置不足	●	●
	单元门损坏	●	○
	大门缺乏门禁与道闸系统	●	●
	夜间照明不足	●	○
交通方面	机动车停车空间缺乏	●	●
	交通体系不清，行车路线混乱，人车混行	●	●
	道路狭窄，道路转角过小	●	●
	车辆乱停，阻碍人行交通	●	○
	非机动车库年久失修，充电桩不足	●	●
环境方面	绿化景观质量低	●	●
	居民私占绿地现象普遍	●	○
	缺乏舒适、多样、特色的公共空间和文化氛围	●	●
	消极界面影响环境品质	●	○
	花坛待整修、绿化待补种修剪	●	●

续表

现状问题	住区类型	20世纪80年代以前以工人新村为主	20世纪八九十年代以大型居住区、补贴性商品房为主
环境方面	建筑垃圾随处堆弃	●	○
	健身休闲等场所及设施缺乏或破旧待修	●	●
	大门形象破败,缺乏归属感	●	○
	垃圾回收设施破旧影响使用	●	○
建筑方面	房屋结构老化存在安全隐患	●	○
	不成套住宅严重影响居住质量	●	○
	屋顶年久失修,局部有渗水	●	○
	违章建筑乱搭乱建占用公共空间	●	○
	加装电梯需求	●	●
	墙面污浊、脱落	●	●
	楼道空间破旧混乱	●	●
	道路路面老旧、破损	●	○
	排水设施简陋、堵塞	●	●

注:● 诉求强烈;○ 诉求一般。

4.4.1　规划理念提升

1. 人文塑造理念

居民认同与归属感的缺失和社会关系网络的断裂是现代社区的症结之一。以人文塑造理念,通过功能性、艺术性和参与性有机结合的社区景观改造,可以传承社区文化、保留社区记忆、重塑社区精神,同时提升社区居民的自组织和自治理能力。一种方式是社区景观的参与式营造。创新社区景观营造方式,鼓励居民参与并将社区文化和记忆融入社区景观。如上海市静安区上工新村通过举办社区书画大赛,将获奖作品通过现代工艺技术复刻至小区墙面,增添景观环境艺术性的同时留住共同参与记忆,提升居民归属感(图4-8);光明小区围墙改造方案设计时,邀请居民共忆社区历史,收集老照片,将其作为素材融入社区景观,形成彰显社区底蕴的文化景观墙,传承社区文化(图4-9)。另一种方式是打造可参与性景观。通过景观设计打造居民交往平台,促进空间与体验的融合,形成可持续的邻里交往载体。如上海市静安区华怡园小区拆除社区内的违章建筑,利用拆除后新增的公共空间,打造居民共同参与的可食地景袖珍农园(图4-10);共和新路655弄利用公共通道旁墙面,打造可认领式垂直绿化,营造可驻足、可停留的社区节点性空间,促进居民交往(图4-11)。

图4-8　居民书画作品融入景观墙设计——上工新村　　图4-9　社区围墙改造成文化景观墙——光明小区

图4-10　社区共同参与的可食地景——华怡园小区　　图4-11　社区可认领式垂直绿化——共和新路655弄

资料来源:上海市静安区美丽家园社区更新规划项目,上海同济城市规划设计研究院有限公司(图4-8~图4-27,图4-34、图4-38)

2. 生态环保理念

以生态环保为理念,运用立体绿化、海绵城市等生态技术对社区空间合理改造,使存量空间发挥更大的生态增量效益,同时提升社区环境品质。如上海市静安区宝山路499弄小区利用社区现有的非机动车车库屋顶设置屋顶绿化,将闲置空间改造成为兼具休闲娱乐、景观美化、室内降温和绿化碳汇等多重功能的空间(图4-12);永和二村通过设置诸如小型植草沟、雨水花园和雨水收集罐等海绵设施,缓解老旧社区的雨水污染和积水现象(图4-13);洛川中路1100弄将原有停车位改造成生态停车位,上层利用乔木遮阴、下层建设嵌草铺装,实现停车和绿化的有机结合(图4-14)。

3. 低碳节能理念

将低碳节能等可持续发展理念引入老旧社区更新,积极响应国家"碳达峰和碳中和"战略,鼓励低碳节能的建设方式、生活方式和价值观念,降低能源消耗和减少二氧化碳排放量。如上海市静安区阳曲路760弄更新中利用废旧自行车、废旧轮胎以及废旧家具等废旧物品,打造社区景观小品,使其成为社区公共空间的亮点设计(图4-15),既宣传了节能环保和绿色生活理念,又保留了独特的参与式社区营造记忆,还可以在材料性能中反映出时间的变化和文化的投射,实现特殊的美学效果;永和二村在非机动车停车场地综合改造中,对现状一座露天非机动车停放点提出了增设太阳能光伏板的改造方案(图4-16),不仅有效解决场地内的充电需求,杜绝乱拉电线的安全隐患,还达到了低碳节能环保的效果。

图4-12 非机动车库屋顶改造成生态休闲台——宝山路499弄小区　　图4-13 活动广场局部海绵化改造设计——永和二村　　图4-14 镶嵌式生态停车位改造——洛川中路1100弄

图4-15 局部绿化节点景观设计中的废弃物再利用——阳曲路760弄　　图4-16 非机动车停车场太阳能光伏板设置——永和二村

4. 智慧治理理念

充分利用人工智能、物联网和大数据等技术,打造涵盖居家生活、安全防范和物业管理等多个领域的智慧治理社区。一是智慧赋能居家生活。通过红外人体移动侦测、独立式烟感、空气质量测量和温湿度传感器等智慧生活设施为居民提供智慧居家新场景,通过水侵传感器、一键求助SOS、燃气传感器和延误报警器等智能家居设施打造更便利舒适的现代化居住环境。二是智慧社区安防应用。通过人脸识别、静默活体、红外识别、大数据和物联网等技术构建社区治安管控平台,解决老旧社区技防物防基础差、实有信息滞后不清等问题,保障社区居民生命和财产安全。例如基于智能摄像头的AI算法,帮助治理"高空抛物"。三是智慧物业管理升级。建设基于大数据、物联网和互联网等技术的智慧化管理和服务系统,集成物业管理的相关系统,如停车管理、电梯管理、远程抄表和自动喷洒等,实现各独立子系统的融合,从而实现物业管理的智能化。如针对车辆违规占用消防车道及电瓶车违规进电梯等场景,实现 AI 分析、系统实时告警提醒物业并生成自动化的处置流程。

4.4.2　交通优化更新

以确保生命通道畅通为主要目标,针对社区内部存在的机动车停车占用小区道路、车行道路狭窄、路线不合理、机动车停车矛盾突出以及非机动车停车无序等问题,对社区空间充分挖潜,因地制宜提出交通组织优化方案。

1. 疏通生命通道

梳理优化主、次道路系统,通过进出分离、单向组织等方式完善交通流线,优化各级道路红线宽度和路幅分配,保持车行、人行交通顺畅、安全,特别是满足消防、救护等车辆通行要求,保障生命通道的畅通无阻。

2. 规范道路转弯半径

沿主干道路向各支路通行的主要方向,对过小的道路转角进行放大,提升主干路通行能力,保证消防车和大型车辆的转弯半径,降低交通事故的发生概率(图 4-17)。

3. 提升步行空间安全

通过加设绿植、栏杆和座椅等障碍物的方式,将人行通道和车行通道隔离,减少慢行与机动车通行的相互干扰,打造安全步行空间(图 4-18)。步行通道规划应与休憩场地、健身场地等公共空间结合设置,串连成完整的步行系统。

4. 完善机动车停车

结合社区空间条件,因地制宜采用集中和分散、地面和立体相结合的方式布置停车泊位。机动车停车位设计所需具备的基本要素包括硬质路面、车位划线和安保监控,进一步可通过设立电动充电桩和立式智能停车库进行功能提升,再通过加装遮阳棚或绿荫、使用透水铺装达到品质提升目标(图 4-19)。

5. 整治非机动车停车

通过在社区空余地增设非机动车棚(图 4-20)、在楼栋单元入口处划线(图 4-21)等集中和分散相结合的方式规范非机动车停车秩序。非机动车停车位设计所需具备的基本要素包括硬质路面和范围划线,进一步可通过设立电瓶车充电桩和加装车棚等方式进行功能提升,再通过增加绿化装饰、加装太阳能板等方式来达到品质提升目标。

图 4-17 局部道路转角放大示意   图 4-18 安全步行空间设计示意

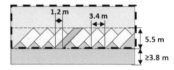

图 4-19 机动车停车标准化设计示意

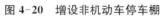

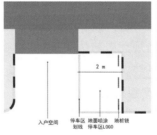

图 4-20 增设非机动车停车棚   图 4-21 单元入口划线方式规范非机动车停车

6. 优化社区出入口

社区出入口的基础更新内容包括硬质路面、监控、标识牌、门禁和防滑设施,进一步可通过设置减速带、人行护栏、人行/车行道闸、门卫房、宣传设施和便民服务设施(智能快递箱、净水器、贩卖机)等进行功能强化,再通过增设形象标识、景观铺装、休憩社交设施、绿化空间、水景设施、雕塑小品和夜景照明等提升品质。

出入道闸采用标准化设计。出入口展宽超过 8.5 m 的小区,原则上建议设置双向车行道闸(双套),展宽未达6m的建议设置单杆车行;人行出入口只设人行道闸。道闸的平面排布方式主要有四类情况(图4-22):①双闸机双向车行、单侧人行管理道闸;②单闸机车行、单侧人行管理道闸;③双闸机双向车行、双侧人行管理道闸;④单闸机车行、双侧人行管理道闸。原则上保证单向道闸过车宽度3m以上,人行道闸宽度1.2m以上。不设中央岗亭的双向道闸分隔带宽度0.6m,设中央岗亭的则不小于1.2m。

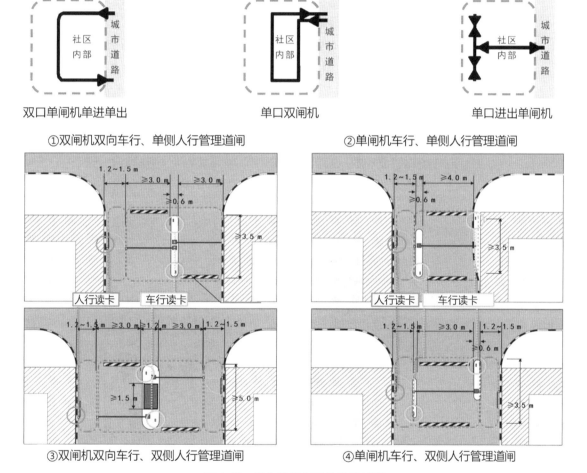

①双闸机双向车行、单侧人行管理道闸   ②单闸机车行、单侧人行管理道闸

③双闸机双向车行、双侧人行管理道闸   ④单闸机车行、双侧人行管理道闸

图4-22 出入道闸标准化设计示意

4.4.3 建筑修缮更新

建筑修缮是老旧社区更新中最基础的功能性内容,往往集中了社区更新中大多数的急点、痛点和难点。建筑修缮重点解决居住建筑的舒适性、安全性、适老性、节能性和美观性等问题,主要包括公共空间改造(楼道整治、单元

入口改造)和建筑外围护结构改造(屋面和外立面修缮)两大更新重点。

1. 屋面和外立面修缮

老旧社区建筑屋面和外立面的重要问题包括迎水面、承水面等位置因长期积水造成的老化、发霉和脱落,缺少保温和避雷等功能,以及外立面各种悬挂物和管线杂乱布置等。

屋面更新的基本手段包括"平改坡"和"坡改坡"等,进一步可通过重做防水层、新做隔热保温层和新做避雷带等方式进行功能强化,再通过屋顶绿化、屋面瓦片喷涂翻新等方式进行品质提升。

外立面更新的基本手段包括外墙粉刷、外墙修缮和重做防水层等,进一步可通过雨水管更新、空调滴水管更新和增补雨棚等方式进行功能完善,再通过整治空调机位、统一晒衣架规格和形式和增设垂直绿化等形式进行品质提升。

2. 楼道整治

基础更新内容包括公共楼道顶及墙面粉刷翻新、地面优化提升、公共部位窗扇检修、楼梯扶手和栏杆更换、公共楼道线路整理及封装,进一步可通过感应型 LED 公灯更换、楼层标识更换和休憩设施增设进行功能强化,再通过增设主题景观设施和主题宣传设施提升品质(图4-23)。

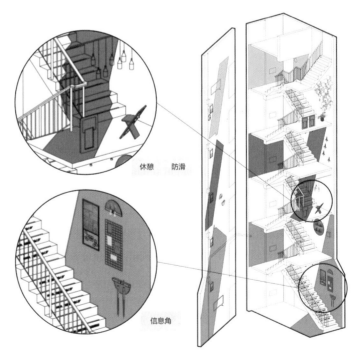

图 4-23　楼道整治示意

资料来源:上海市杨浦区江浦路街道辽源一村 4 号楼楼道微更新方案,上海同济城市规划设计研究院有限公司

3. 单元入口改造

基础更新内容包括门禁系统检修、入口无障碍坡道及台阶踏步修复，进一步可通过单元入户门更换、信报箱拆换、入户门处 LED 感应灯更换、底层出墙管更换、雨棚更换和单元标识更新强化功能，再通过主题景观设施增设和主题宣传设施增设提升品质(图 4-24)。

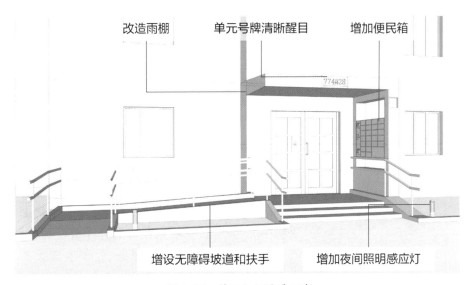

图 4-24　单元入口改造示意

4.4.4　安全维护更新

为实现社区安全全覆盖，可通过安全防范技防设施无死角设置以及基础设施维修等方式进行社区更新改造，既包括服务所有社区居民的安全措施，又包括针对老年人、残疾人等弱势群体的特殊保护措施。

1. 安全防范系统完善

社区安全防范系统的基础更新内容包括围墙物防、监控探头技防和综合管理智防等常规安全设施设置。进一步可通过智能化改造升级，设置智能门禁、一键报警系统、生命通道占用预警系统、智慧消防系统、高空抛物监测、周界预警及访客预约等进行功能强化和品质提升。

监控标准化设计。①应当覆盖全面，对进出口区域进行重点监控；②布设监控应当考虑经济效益，尽量精简系统，以有效覆盖率为目标；③尽量利用现有建筑物布设，并需经过业主同意；④小区道路监控摄像头布设按照路段来划分，每段宅间路保证至少在一端布局面向本路段的监控摄像头(图 4-25)；⑤在安防覆盖有效的前提下一杆多头布设监控。

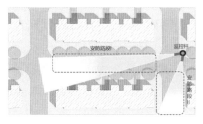

图 4-25　监控摄像头安防管理
　　　　　范围示意

图 4-26　适老性座椅设计

图 4-27　活动场地无障碍坡道设计

2. 适老性改造

在公共活动空间、公共建筑和楼道入口等存在高差处增设无障碍坡道、安全扶手和防滑设施,保障老年人和残疾人安全出行(图 4-26)。在公共活动空间设置遮阳避雨设施和适老性景观设施,如在阳光充足的位置设置高度适宜、有扶手和靠背的木质座椅(图 4-27)。对于结构满足条件的住宅建筑,可考虑征询居民意见加装电梯。此外,运用互联网、物联网和云计算等信息化手段推行智慧养老服务,搭建智能养老服务平台,老年人通过网站、手机 App、各类传感器以及智能可穿戴设备等智能终端进行服务项目选择,为老年人提供紧急救助服务、生理监测服务、远程监控管理服务、居家安全管理服务和居家生活服务等[①]。如通过互联网将水龙头未关、门窗未关、老人 24 小时没有出入卫生间等信息发送至智慧养老服务平台进行报警。

4.4.5　环境提升更新

针对老旧社区绿化单调、活动场地缺乏和环境衰败等问题,基于功能性、适用性和美观性等原则,对社区环境进行综合提升,营造景观丰富、环境整洁、适宜交往、全龄共享以及富有场所感的社区室外空间。

1. 绿化提升

首先进行场地植被整理,保留长势较好植物,修剪和迁移其他植物;在此基础上以植物多样化、色彩多样化和层次多样化为目标(图 4-28),依据在地适应能力强、生态效益高、价格低廉、观赏性好以及安全无毒等原则进行植物选种,形成乔、灌、草相结合的复层群落结构,并通过组团造景营造三季有花、四季有景的景观(图 4-29)。

　①　陈莉,卢芹,乔菁菁.智慧社区养老服务体系构建研究[J].人口学刊,2016(3):7.

图 4-28　绿化提升示意　　　　图 4-29　景观节点绿化更新示意

资料来源:上海市杨浦区辽源西路睦邻中心周边居住区社区更新规划,上海同济城市规划设计研究院有限公司(图 4-28～图 4-33)

2. 垃圾房整治

基本要素应包含分类容器、垃圾箱房以及垃圾分类回收标识等,进一步可通过加棚和设置垃圾车通道、特殊垃圾回收箱、衣物回收箱以及垃圾分类宣传设施等方式进行功能提升,再通过美化箱房墙面、铺装特色化、站点周围种植绿篱和色叶小乔等方式达到品质提升目标(图 4-30、图 4-31)。

图 4-30　垃圾箱房示意　　　　图 4-31　垃圾分类回收站示意

3. 活动场地改造

老旧社区的室外空间利用普遍不适应当下的需求,住宅楼通常为多层板楼,两栋住宅楼间除去必要通行空间外,多为简易绿化或者停车空间,缺少场所感。老旧社区中也会存在一些荒废场地,如两个紧邻的封闭小区间或住宅楼与街道间由于设立了围墙而产生的消极空间。在更新中,需要将现有活动场地和存量挖潜空间统筹考虑,开辟多样化社区活动场地,结合居民意愿,选择性提供休憩、交往、阅读、种植、运动、棋牌以及儿童游乐等功能,并鼓励居民参与营造过程。如上海市杨浦区辽源西路睦邻中心周边居住区社区更新规划中,将打虎山路1弄、辽源西路190弄和铁路工房三个小区间的围墙拆除,合并成一个小区(图 4-32),利用整合后的空间进行整体景观活动体系规划,更新后的社区空间满足了居民日常活动需求,促进了社区交往,显著提升了社区环境品质(图 4-33)。

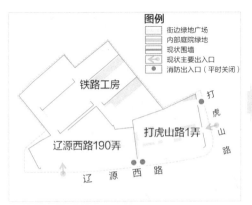

图 4-32 拆除围墙构建景观活动体系

图 4-33 更新后的活动场地示意

4.4.6　模块化产品"工具包"

1. 模块产品类型与内容

为了满足老旧社区空间维度上共性问题的标准化、人本维度上人群需求的差异化以及时间维度上更新需求的迭代化,结合上海市静安区美丽家园更新规划项目提出了老旧社区的模块化更新路径[①]。本节以模块化思路对社区更新中的各类技术进行系统梳理,形成老旧社区更新模块化产品"工具包"(表4-6),包括基础完善、功能强化和品质提升三个层次。

表 4-6　社区更新模块化产品"工具包"

模块		构成要素		
		基础完善类	功能强化类	品质提升类
交通组织	机动车停车	硬质路面、车位划线、安保监控	充电桩、立式智能停车库	顶棚或绿荫、透水铺装
	非机动车停车	硬质路面、范围划线	充电桩、车棚	绿化、太阳能板
	社区出入口	硬质路面、监控、标识牌、门禁、防滑设施	减速带、人行护栏、人行/车行道闸、门卫房、宣传设施、便民服务设施(智能快递箱、净水器、贩卖机)等	形象标识、景观铺装、休憩设施、绿化、水景、雕塑小品、夜景照明
建筑修缮	屋面	"平改坡""坡改坡"	防水重做、避雷带新做、保温层新做	瓦片喷涂翻新、屋顶绿化
	外立面	外墙粉刷、外墙修缮	雨水管更新、空调滴水管更新、雨棚增补	晒衣架整治、空调机位整治、垂直绿化
	楼道	墙面粉刷、窗扇检修、楼梯栏杆及扶手更换、线路整理及封装	感应型 LED 公灯更换、楼层标识更新	主题景观设施、休憩设施增设、主题宣传设施
	单元入口	门禁系统检修、入口坡道及台阶踏步修复	单元入户门更新、信报箱拆换、入户门处 LED 感应灯更换、底层出墙管更换、雨棚更换、单元标识更新	主题景观设施、主题宣传设施

---

　①　奚婷霞,朱弋宇,林俊,等. 老旧社区的模块化更新路径探索——以上海为例[C]//面向高质量发展的空间治理——2020 中国城市规划年会论文集(02 城市更新),2021:809-826.

续表

模块		构成要素		
		基础完善类	功能强化类	品质提升类
安全维护	安全防范设施	围墙物防、监控探头智防	智能门禁、人脸抓拍系统、一键报警系统、生命通道占用预警系统、智慧消防系统	高空抛物监测、周界预警、访客预约
	适老性设施	无障碍坡道、安全扶手、防滑设施	遮阳避雨设施、适老性景观设施、加装电梯	智能养老服务平台
环境提升	绿化	植物多样	色彩多样	层次多样
	垃圾房	分类容器、垃圾箱房、垃圾分类回收标识	加棚、垃圾车通道、特殊垃圾回收箱、衣物回收箱、垃圾分类宣传设施	箱房墙面美化、铺装特色化、站点周围绿篱种植和色叶小乔美化
	活动场地 休憩	硬质铺装、座椅、绿化	便民设施	绿篱墙、花箱、秋千座椅
	活动场地 阅读	硬质铺装、座椅、书架	阅读廊架、安保监控	绿荫花箱、垃圾桶、照明、智能书架
	活动场地 种植	硬质或树皮木屑铺装、活动座椅、种植箱/种植廊架/轮胎种植池	种植标识、工具箱、休憩廊架	菜园模块、花园模块、科普宣传设施
	活动场地 运动	透水铺装、康体器械、座椅、绿化	球类运动设施、安保监控	康养科普、其他运动设施、智能服务设施
	活动场地 棋牌	硬质铺装、座椅、棋牌桌、绿化	休憩廊架、安保监控	垃圾桶、照明、智能充电设施
	活动场地 儿童游乐	透水铺装、儿童游乐器械、座椅、绿化	自然游乐设施(沙坑、攀爬墙、木桩、小型绿篱迷宫等)、球类运动设施、安保监控	儿童科普、其他娱乐设施

2. 模块化产品"工具箱"在参与式社区更新规划中的应用

在参与式规划中,规划师利用该"工具箱",结合整体投资情况,通过模块要素的置换和组合等方式,引导居民参与规划决策。针对社区居民的多样需求,打造不同类型、不同功能的节点型空间,可分别满足不同空间情况和建设资金条件的社区更新项目。

例如在上海市静安区某社区出入口更新中体现了"工具箱"在参与式规划中的"置换"应用。设计团队提供了两种不同建设资金条件下的出入口更新设计方案。方案一选用基础完善类模块,在尽量保留原有空间格局的基础上,进行基础功能完善,如增加硬质铺装、防滑设施和小区标识等。方案二则是选用功能提升和品质扩展类模块,增加街头共享休憩空间、便民乐享驿站空间和社区文化景墙等(图4-34)。政府和居民可根据资金情况和建设时序自主选择方案。

图 4-34　出入口子模块应用

以社区公共活动空间更新为例,"工具箱"在参与式规划中的"组合"应用具有积极意义。首先,通过现状调研,明确社区公共活动空间的主要使用人群,锁定其核心诉求,得出更新的需求方向。其次,根据居民需求从模块化产品中选取几种类型的模块设施(图4-35)进行需求重要性—意象满意度调查,锁定需要增加的活动设施及其使用偏好。对于需求性高但意象满意度低的活动设施,通过增加意象选择或结合居民意见修改设计的方式进行完善。最后,进行现状空间的使用率—喜爱度评估,锁定空间改造的潜力提升点,居民基于模块化平台对产品提出反馈意见或提出个性化更新要求,从而制订社区更新的模块化清单[①]。

---

① 奚婷霞,朱弋宇,林俊,刘哲等.老旧社区的模块化更新路径探索——以上海为例[C]//.面向高质量发展的空间治理——2020中国城市规划年会论文集(02城市更新),2021:809-826.

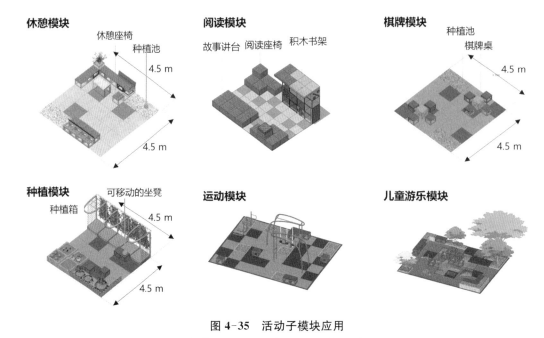

图 4-35　活动子模块应用

资料来源:奚婷霞,朱弋宇,林俊,等.老旧社区的模块化更新路径探索——以上海为例[C]//面向高质量发展的空间治理——2020 中国城市规划年会论文集(02 城市更新),2021:809-826.

4.4.7　数字技术辅助更新决策

数字技术的发展拓展了人们理解和改善空间的途径,在老旧社区更新中,合理利用计算机辅助设计、虚拟现实技术、图像处理技术和地理信息系统(GIS)等多种技术,进行居民行为精准调查分析、环境品质精准反馈评价和微环境模拟,辅助规划师进行设计决策。

1. 基于 Wi-Fi 探针的居民时空轨迹采集

获取居民在社区中的时空定位数据是社区更新规划的重要组成部分,以往研究大多采用问卷调查和访谈等传统方法进行社区居民行为调查,由此获得的数据往往比较主观,并且数据规模偏小。随着数字技术发展,LBS定位、手机信令、百度热力图和社交媒体数据等时空大数据被应用在城市规划研究中。但以上数据具有粗粒度特征,通常用于大尺度城市层面的研究,其精度不能满足社区公共空间的高精度需求。Wi-Fi 探针技术因具有高空间分辨率和时间频率特点,并且不涉及个人隐私,被广泛用于精准分析小尺度空间的人群时空分布特征。

将 Wi-Fi 探针架设在社区公共空间就能获取到经过该空间的人群所携带的智能终端信息,并能记录设备进入和离开空间的时间。对进入空间的设备的数量和时间进行分析计算,即可推断出行人位置和在此空间停留的时间①。在社区更新中利用 Wi-Fi 探针技术进行社区全时段人流分布监测,高效识别人群驻留偏好和行为活动方式,进而分析在地居民对既有建成环境特定的使用需求和更新诉求,为社区更新规划提供更精准化的决策支持(图 4-36)。

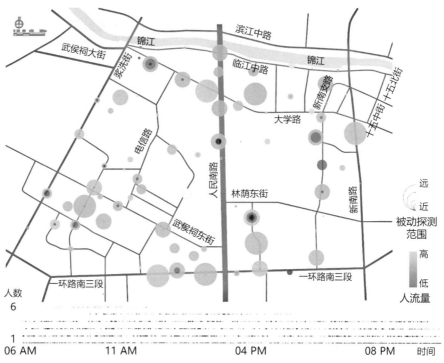

图 4-36 基于 Wi-Fi 探针的全时段人流分布监测

资料来源:成都市武侯区华西坝更新单元城市设计,上海同济城市规划设计研究院有限公司

2. 基于眼动追踪技术的空间体验感知评价

空间体验感知评价是社区更新规划的基础,现有评价方法多以评价者主观角度的定性评价和间接评价为主,如问卷法、访谈法等,评价结果主观性较强。

眼动分析法是一种通过记录和分析人的眼动数据来推断其心理过程的方法②。人对空间的不同认知表现出不同的眼动行为特点,通过眼动仪追踪眼动特点,进而分析人的认知行为③。

人类的情感由大脑皮层调节,通过多个脑区的共同作用产生不同情

① 沈培宇,胡昕宇.基于 Wi-Fi 探针技术的公园游憩偏好分析与优化[J].中国城市林业,2020,18(5):57-60.

② 郭素玲,赵宁曦,张建新,等.基于眼动的景观视觉质量评价——以大学生对宏村旅游景观图片的眼动实验为例[J].资源科学,2017,39(6):1137-1147.

③ 邓铸.眼动心理学的理论、技术及应用研究[J].南京师范大学报(社会科学版),2005(1):90-95.

感,因此脑电技术(Electro-Encephalo Gram,EEG)可直接测量头皮电位的分布且具有较高的时间分辨率而被广泛用于测量评价者情感。

在社区更新中引入眼动追踪和脑电技术进行空间体验感知测量实验,记录居民观看社区实景或图片时的眼动数据和脑电信号,居民会对令自己感兴趣的事物给予更多关注,表现出有一定规律的眼动模式和情绪波动,从而帮助设计师精准评估公众眼中空间更新的关键要素,获得高质量的评价数据(图4-37)。

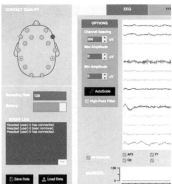

图 4-37 基于眼追踪和脑电技术的空间体验感知测量实验
资料来源:上海市沪太支路 615 弄道路综合环境提升更新规划设计,上海同济城市规划设计研究院有限公司

3. 社区微环境模拟

运用城市微环境模拟技术对社区风环境、热环境和日照分布情况进行模拟,基于模拟结果提出更科学合理的人居环境更新策略,其中常用 ANSYS-Fluent 模块模拟风环境、ENVI－MET 模拟热环境、Ecotect 或 ENVI－MET 进行日照分析。

以社区公共空间功能分布优化为例,结合日照分析模拟结果,选取日照条件较好的区域,将其改造设计为公共活动区域、交往休憩场所以及晾晒空间等(图4-38),提高公共空间的设计合理性和利用率。

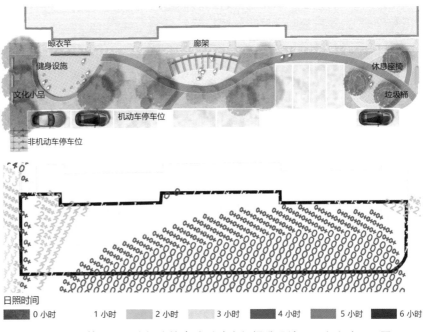

图4-38 基于日照分析法的庭院活动空间提升设计——宝山路499弄

4.5 运维机制：从单一封闭转向多元开放

4.5.1 多方参与组织机制

1. 专班统筹协调机制

老旧社区更新中所有的时空诸要素都是相互关联的。目前,老旧社区更新普遍缺乏统一的实施主体,部门的"条"和街道的"块"缺乏协调,政府各部门只负责自己部门的项目,虽然是实施主体但没有考虑空间整体的责任和权力,而街道是空间管理和社区治理的主体,但因没有项目也就无法具有实施主体的权力[①]。因此,需要改变现有的各城市更新主管部门多头管理的方式,确定一个统一的实施主体,可通过成立专班进行工作统筹,由其组织、整合和协调其他相关部门在社区层面的计划,为社区更新提供政

---

① 吴志强,伍江,张佳丽,等."城镇老旧小区更新改造的实施机制"学术笔谈[J].城市规划学刊.2021(3):1-10.

策指引,制订总体目标,避免"政出多门",突破条块藩篱整合资源,促进政策制定及实施的统筹对接。

2. 项目顶层设计机制

在老旧社区更新中,由于缺少更新规划的顶层设计,各部门条线项目的目标、内容和时序经常与规划出现矛盾。因此,建议以更新对象空间为单元,整合各部门项目资源,在"一张规划蓝图"下列出项目总库和年度项目计划,从前期规划方案设计到后续实施和运维,进行周密的计划安排,明确每个项目的实施目标和内容。这样可以便于将各部门涉及老旧社区更新改造的项目整合推进,统筹项目资金,如将供电部门的电力改造、供水部门的二次供水设施改造、通信管理部门的管线扩容和入地工程、消防部门的消防设施改造、水务部门的积水点改造、发改和环保部门的雨污分流工程、民政部门的养老设施改造、环卫部门的小区垃圾箱改造等改造项目进行有机结合和统筹推进。

4.5.2 多方利益协调机制

社区更新规划的利益相关方包括政府部门、基层政府、居委会、业委会、物业公司和社区居民等,影响多方利益协调关系的关键因素涉及利益、诉求、沟通、信任和外部环境等方面[①]。将这些因素融入社区更新规划多方利益协调机制中,完善社区利益协调的表达机制、讨论机制、决策机制及反馈机制等辅助机制,促成各利益相关者之间关系趋向和谐,最终实现各利益相关者合作共赢的目标。

1. 完善诉求表达机制

社区更新的顺利实施依赖于多元利益相关者的高度协同合作,而完善的诉求表达机制是各利益相关者实现内部协同的起点。首先,构建灵活多样、高效顺畅的诉求表达渠道,避免因诉求无法表达而造成各利益相关者信任危机和矛盾冲突的产生,如在本书 4.2.2 节中提到的参与式规划平台的搭建。其次,社区更新规划矛盾产生的重要原因之一是公众参与程序不够规范引发的利益相关者之间的不信任。因此需要制定规范化的诉求表达程序,使社区更新规划的公众参与按照一套标准的操作程序进行。例如在方案编制阶段,按照程序要求主动开展面向广大业主的意见征询会。最后,保障对诉求的及时回应,既包括对合理合规的诉求的回应,又包括对不合理诉求的否定式、解释性回应。

---

① 王一鸣. 城市更新过程中多元利益相关者冲突机理与协调机制研究[D]. 重庆:重庆大学,2019.

2. 制定理性协商规则

针对因少数居民意见不同而使更新陷入僵局的情况,需要构建理性的协商规则,将利益相关者只关注自身利益观念转变为关注共同利益,联合成为利益共同体,在利益分配、诉求表达和相互合作等方面避免零和博弈,积极争取社区利益最大化。首先,公共利益的界定,如基于拓宽生命通道等保障公共利益为目的的改造,可留足政策空间。以上海市老旧社区加装电梯的政策松绑为例,《本市既有多层住宅增设电梯的指导意见》(2011)规定业主征询比例为 100%,这使得社区协商中经常因为没有谈判的余地而陷入瓶颈。后来在《关于进一步做好本市既有多层住宅加装电梯的若干意见》(2019)中政策有所放松,业主征询比例降为三分之二,新政实施后仅2019 年完成的项目数量就超过前 7 年的数量总和。由政策放宽留出的协商空间打破了协商瓶颈,使得多数居民利益得到保障。其次,识别不同利益相关者的目标,在求同存异的基础上,谋求各利益相关者都可接受的最大公约数,一定程度上实现各自合理的目标,使各利益相关者有足够动力建立参与式社区更新规划合作伙伴关系。最后,对于不涉及公共利益的一般性社区更新内容,应当以权益相关人的意愿为基础,符合物权法、民法关于"双三分之二"程序和相邻权关系的要求。

3. 提供外部资源支持

引入社会力量调节社区更新规划中产生的矛盾纠纷和社区更新规划协商过程中的分歧,为社区更新规划提供多方利益协调的外部保障。一是建议在基层政府设立社区矛盾调解室,调解社区规划中遇到的矛盾和分歧。二是逐步建立和完善民间协商机制,如上海市嘉定区外冈镇杏花社区的"老大人调解",由社区中德高望重的老人参与社区事务的调解中,容易得到居民信服。三是引入专业化的设计或咨询机构提供智力支持,协助将各项诉求转化为具体实施项,并进行可行性测算,辅助居民进行决策。

4.5.3 社区长效治理机制

老旧社区更新是一项复杂的社会系统工程,不可能一蹴而就,为了避免陷入"改造—破败—改造"的恶性循环,需要完善全生命周期管理的常态化治理机制。

1. 物业服务供给侧改革机制

我国的多数老旧社区长期处于准物业管理或者失管、脱管的无序状态,这也是导致其建设和改造成果难以得到长期维护的症结所在,而导致老旧社区物业服务陷入恶性循环的根源之一是老旧社区物业收费标准较低和收缴率不高,物业服务企业运维难以为继。因此,需要积极推进社区服务供给侧改革,结合老旧社区特点,探索多种物业管理形式:①培植以老旧社区为主营对象的专业化物业服务企业。加大社会资本参与老旧社区更新的财税和金融支持,引入市场化物业服务企业开展规范化服务,不断提高物业管理水平。②购买"菜单式物业管理"。对物业企业提供的养老、托幼、助残、公益以及教育培训等符合"政府购买服务指导性目录"标准的服务事项,同等条件下优先购买。③试点"信托制"物业服务模式。物业企业作为受托人提供物业服务,有助于规避现有"包干制""酬金制"的制度漏洞,保障物业管理过程公开透明并强化互信,增强业主对物业企业的监督。④探索 EPCO 总承包模式,通过将"设计—采购—施工—运营"等阶段整合由一个承包商负责实施,实现老旧社区更新的全生命周期一体化服务,推动物业企业从传统"物管"向"综合运营"转型。⑤探索创新物业服务费的收缴率方法。如在新标准物业服务费方案推行上,上海江浦路街道五环居民区就采用"先服务后付费"的方式,让居民切实体会到物业服务水平提升后再缴纳物业费,在物业公司服务 18 个月后,居民主动按照新标准缴纳物业服务费,收缴率大幅度提升。

2. 后续社区自治保障机制

充分调动居委会、业委会、物业企业和社区居民共同参与后续老旧社区治理之中。加快完善基层治理体系,发掘社区人力资源,引导小区成立业主委员会、社区志愿服务组织以及非营利性运营组织等自治组织,共同参与老旧社区运营治理,促进更新成果的长效维护。注重对自治组织履职能力的指导和帮助,提升其人员的素质和治理水平,使其能够协助老旧社区持续提升。通过开展各种形式的社区活动,推举社区"能人",发动广大业主积极参与社区治理工作,增强业主的凝聚力和归属感,使其在社区事务中发挥主导作用,促使业主、业委会、居委会和物业企业通力合作,共同解决治理难题。

3. 社区发展能力培育机制

以往的社区建设大量依靠外部资源的"输血式"持续注入,没有挖掘社区内部资源和培育社区自生力量,导致了社区发展缺乏持续性。因此,必须营造老旧社区的自我"造血"机能。一方面通过开展主题培训提升居民自我实现能力。可由基层政府和社区规划师组织开展各类教育培训,包括通过参与式更新规划类培训加强居民改善环境的能力,通过创业技能类培训帮助居民进行二次创业等。另一方面利用社区资本增强社区价值。深入挖掘物质、文化、人力和社会等社区资本,使其在社区更新中实现价值增值。如盘活社区存量空间资源引入养老、托育及便利店等经营性社区服务设施,通过增加非主营业务收入来弥补物业服务费收入的不足,反哺小区管理维护成本;又如发现社区"能人",发挥其号召力和影响力为社区治理赋能。

以参与式规划为手段,积极促进社区资本的发现,并培育社区自治力量,以促进社区共同体的逐步形成。

4.5.4　资金筹措推进机制

当前我国老旧社区以保留为主的更新项目大多由各级政府财政出资,尽管各地都提出鼓励支持多渠道筹措资金,但总体资金不足的问题依然没有缓解。而今后一段时间,我国将全面推进城镇老旧社区改造,待更新的老旧社区量大面广、情况各异、任务繁重,迫切需要创新老旧社区更新资金筹措机制,探索多方参与、合理共担以及持续稳定的更新模式。

1. 政府资金分类投放机制

政府财政资金主要包括中央财政资金补助和地方政府资金支持两部分。中央财政资金补助涉及中央预算内投资与财政补助资金两部分。如2020年国家发改委与财政部分别安排中央预算内投资543亿元、财政补助资金303亿元用于支持各地城镇老旧小区改造。地方政府资金支持既有省市区各级政府安排的补助资金,又可以通过使用国有住房出售收入存量资金、发行地方政府专项债券等方式筹措改造资金[①]。

过去老旧社区更新主要由政府承担的模式,造成政府财政负担过重,增加政府隐形负债风险,经济上不可持续,且动用政府财政为部分居民改造,其公平性也有待论证[②]。为了保障政府投资的可持续性和公平性,可根据老旧社区治理程度、更新内容和更新急迫程度等因素制定分类投放机制,可考虑以下几种路径:①根据治理程度差异,可将老旧社区划分为财政管养模式、半管半托模式、市场维育模式和自主维育模式。其中政府资金优先用于财政管养类老旧社区,即弱势群体较多、治理能力较弱及缺乏物业管理的老旧住区,以维护社会的公平正义。②根据更新内容确定投资方,如水电路气网等基本生活保障配套设施由政府负责投资,社区公共环境整治提升、居民生活便利设施及住区管理平台搭建等惠及社区居民的准公共产品由政府和市场共同投资,而社区非公共区域环境整治等具有部分私人属性的准公共产品则由市场和居民共同负责。③根据更新的急迫程度对老旧社区类型进行梳理,通过在区域层面对老旧社区进行系统性现状评估,将其划分为优先更新社区、迅速更新社区和自行更新社区三大类,对

①　徐文舸.城镇老旧小区改造亟待创新投融资机制[J].中国经贸导刊,2021(3):64-67.

②　吴志强,伍江,张佳丽,等."城镇老旧小区更新改造的实施机制"学术笔谈[J].城市规划学刊,2021(3):1-10.

不同类型的更新社区实施不同的财政投资比例。对社区更新类型进行精确划分,有利于政府实施差异化的政策,因地制宜地推进老旧社区更新。

2. 社会资本参与渠道拓宽机制

社会资本包括原产权单位、专业经营单位(水、电、燃气、热力及通信等运营企业)以及其他有意愿参与社区更新的市场化机构。社会资本参与的方式包括捐赠、以保本微利的形式参与建设、共同建设获得运营收入以及政府购买服务等。社会资本的参与是缓解老旧社区更新项目资金不足的重要途径之一,而在现有的老旧社区更新实践中,存在交易成本过高和效率损失等突出问题,制约了社会资本的参与,其原因在于:①老旧社区更新本质上是带有公益性质的惠民项目,更新没有利润空间或利润低、周期长,对社会资本的吸引力不足。②社会资本参与老旧社区更新项目的法治化路径不畅通,如一些企业与街道签订的协议对企业投资回报和长期运营权益的法律保障不足。③受限于更新标准和审批程序等,社会资本的融资运作空间不足。如将老旧社区内存量资源改扩建成为社区服务设施是挖掘存量资本的有效途径之一,但常因复杂的调整和审批程序而影响效率。

拓宽社会资本参与老旧社区更新的渠道可考虑以下几条路径:①探索"利益共享、风险共担、全程合作"的社会资本和政府合作的创新模式,如"投资—工程总承包—运营"一体化投标模式。②创新老旧社区更新政策突破,鼓励利用老旧社区低效空间用于社区基本配套服务设施建设,规划指标适度放宽,简化规划建设手续。③制定老旧社区规模化更新政策,研究相邻小区打包更新、"肥瘦搭配"更新以及片区内统筹更新等实施路径[①]。④出台相应金融政策支持社会资本投资,为一些有运营能力但投资能力不足的社会资本参与老旧社区更新提供路径。

3. 居民出资责任落实机制

老旧社区更新应合理确定居民出资责任,完善社区共有资金的筹集和管理制度。居民出资主要通过居民捐资捐物和投工投劳等直接出资方式、使用住宅专项维修资金方式以及让渡小区公共收益(如公共空间和资源)等间接方式落实。在居民自主意识和参与意愿较强的老旧社区更新中,可以鼓励居民出资进行更新,一方面可以减轻政府财政支出负担,也为公众和社会团体参与更新项目以及多方共同筹集后续资金打下良好的基础;另一方面,可有效改善目前居民对社区更新意愿呈"弱组织化参与"的状态,调动居民参与社区更新的积极性,强化社区居民的联结性,建立居民对社区的归属感,也有利于后续更新成效的长效管理。

---

① 吴志强,伍江,张佳丽,等."城镇老旧小区更新改造的实施机制"学术笔谈[J].城市规划学刊,2021(3):1-10.

第五章

案例一：上海静安区永和二村美丽家园社区更新规划

5.1 项目背景

5.1.1 "美丽家园"行动计划的提出与试点

在上海城市更新转型发展和创新社会治理的时代背景下,2015 年 7 月,上海静安区启动"美丽家园"建设,全面落实城市更新实践,旨在改善群众居住环境,提高居民生活质量。

彭浦镇位于上海中心城区,原隶属闸北区,后并入静安区,镇域辖区面积 7.88 平方千米,共有 84 个居住小区,常住人口约 15 万人。在"美丽家园"建设的背景下,彭浦镇于 2015 年 7 月同步启动该项工作,笔者团队承担了该镇美丽家园社区更新规划暨建设实施方案编制。彭浦镇通过对全镇 84 个居住小区摸底筛查,确定了售后房和 2000 年前老旧商品房共 47 个小区列入"美丽家园"三批建设计划,其中第一批和第二批共 22 个售后房小区由政府主导先期实施,第三批 25 个商品房小区引导业主自主建设。笔者团队先后共完成了多个售后房小区和商品房小区的社区更新规划方案的编制(图 5-1)。其中,永和二村是 2015 年最先启动的美丽家园建设一期和 2016 年美丽家园升级版建设的试点小区,在老旧社区更新的规划理念、规划管理与实施路径等方面具有创新性、示范性和引领性的作用,也是团队探索的参与式社区更新规划的初代实践范本。

5.1.2 项目概况

永和二村东起原平路、西至高平路、北起交城路、南与永和一村一墙之隔。小区为单进单出,进口位于高平路,出口位于交城路(图 5-2)。该小区建成于 1995 年,属于售后公房住区,占地面积 11.8 万平方米,其中建筑面积为 16.77 万平方米,容积率 1.4,绿化率 35%,小区有 61 幢楼共 3 280 户。

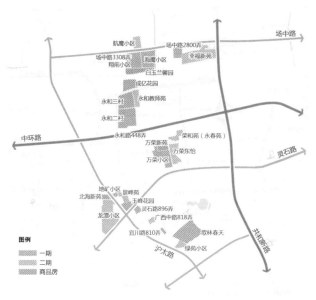

图 5-1　彭浦镇 27 个更新小区区位　　　　　　图 5-2　永和二村区位

5.2　问题界定与规划理念

5.2.1　问题界定

1. 环境多要素衰败

与大量老旧社区类似,永和二村早期建设标准较低,加之环境衰败与管理维护恶性循环以及设施使用过程耗损等原因,社区存在交通组织不畅、停车矛盾突出、基础设施老化、安全技防设施缺失、公共活动场地少、社区交往空间缺乏以及建筑年久失修等诸多问题(表 5-1、图 5-3),严重影响居民日常生活,使居民感到缺乏归属感,没有与时代同步。

2. 老龄化问题严重

永和二村具有高度老龄化的特征,60 岁以上的居民达到 40% 以上,其中还有一定比例的高龄或行动不便老人。而现状社区普遍缺少无障碍设计或设施,如社区公共活动场地高差处和单元出入口处缺少无障碍坡道和安全扶手、楼梯缺少防滑措施。此外,社区对老年人的精神生活的支持也存在不足。

表 5-1 永和二村空间问题梳理

类型	交通	环境	安全	建筑
具体问题	• 生命通道不畅通 • 主干道路转弯半径过小 • 机动车停车空间缺乏 • 车辆乱停阻碍步行交通 • 交通组织不合理,行车路线混乱 • 非机动车库年久失修,充电桩不足	• 绿化杂乱且品质较低 • 缺少舒适的特色公共空间 • 空间缺乏场所感和文化氛围 • 消极界面影响环境品质 • 建筑垃圾随处堆弃 • 健身休闲场所和设施缺乏或破旧 • 社区入口形象破败,缺乏归属感 • 垃圾回收设施破旧影响使用 • 存在未利用消极空间	• 管线杂乱 • 监控设施不足 • 单元门损坏 • 社区入口缺乏门禁与道闸系统 • 夜间照明不足 • 适老性设施不足	• 房屋结构老化存在安全隐患 • 屋顶年久失修且局部渗水 • 违章建筑乱搭乱建占用公共空间 • 建筑外立面老化、脱落、渗水 • 楼道空间破旧混乱 • 道路路面老旧、破损 • 排水设施简陋、堵塞

机动车侵占绿化

非机动车无序停放

缺少雨棚和充电装置

废品回收点随意堆放

绿化品质较低

线路杂乱

单元入口缺少无障碍扶手

外立面墙体破损渗漏

管线设备设施杂乱

图 5-3 永和二村现状问题

资料来源:上海市静安区彭浦镇永和二村美丽家园社区更新规划,上海同济城市规划设计研究院有限公司(图 5-3,图 5-8～图 5-20)

3. 社区归属感缺失

人居环境的老旧、社区活动的缺乏以及人口的异质化和流动性等原因，导致社区缺乏认同感和归属感，居民之间因为缺乏沟通交流导致邻里关系淡漠，社会原子化倾向明显。

4. 社区自治基础薄弱

由于社区组织建设不完善、居民缺乏社区自治意识、邻里关系冷漠以及专业技能和经验缺乏等原因，永和二村社区自治基础薄弱，居民参与社区公共生活的积极性淡漠。目前社区居民的参与多为自上而下的行政类参与、物业纠纷引发的冲突类参与和以中老年、失业人群为主体的非均衡性参与。

5.2.2　规划理念

永和二村更新规划中，项目组主动承担起社区规划师的责任，将空间营造与社会重塑结合起来，重新审视和解读老旧社区更新的社会价值、产权主体、共治自治和公众参与，并提出老旧社区更新规划方法与实施路径。规划开展从"硬与软"两方面入手，"硬"主要从安全维护、交通组织、环境提升和建筑修缮四个方面解决社区外部空间环境改善和建筑本体修缮等物理问题；"软"主要通过规划引导居民公众参与，并建立公众参与方法与体系，进行社会重塑，从而推动社区自治共治。提出基于阶梯式过程的四个理念。

理念一：从关注空间到侧重在地居民利益主体

老旧社区更新从增量规划以空间逻辑为主线转变为以社区居民为核心，更新过程体现多元参与和空间正义，更新方案体现社区绝大多数居民的共同意志，更新结果体现居民公共利益最大化，更新目标旨在为提高社区居民的满意度和获得感。

理念二：从房修工程到规划引领社区建设提升

老旧社区更新倡导社区规划和社区规划师的综合作用机制，实现从传统的房管主导的维修类工程模式到规划引领的参与式规划综合更新模式，推动社会治理创新和实现老旧社区综合复兴。

理念三：从问题导向到物质精神双重价值体现

以城市有机更新与创新社会治理为理念指引，定义和诠释老旧社区更新改造的价值内涵；社区更新在以问题导向的基础上，应建立价值导向的指引，诸如更新要体现健康性、正义性、生态性、活力性和人文性等，以提高老旧社区更新的综合价值，从而推动共治自治的生成和发展。

理念四：从蓝图规划到多方参与协作式行动规划

与传统目标导向清晰的蓝图规划相比，社区更新规划应该突出以自下而上为主导的方式,强调社区居民、政府、规划师、工程单位和社会组织等多方参与,针对社区问题共同探寻一种解决之道的协商式的行动规划,贯穿规划设计、协调、建设和管理,并且培育社区共同体的形成。

5.3　参与式社区更新规划治理模式

5.3.1　参与主体

美丽家园社区更新规划的多元参与主体包括社区居民、政府部门(规自局、房管局和绿容局等)、街镇(街道办事处、镇政府)、基层组织(居委会、业委会和物业)、社区规划师团队(规划师、建筑师、景观师和工程师)、工程实施单位(代建方、施工方和工程监理)、NGO 等社会组织以及利益相关的商铺经营人员等(图 5-4)。

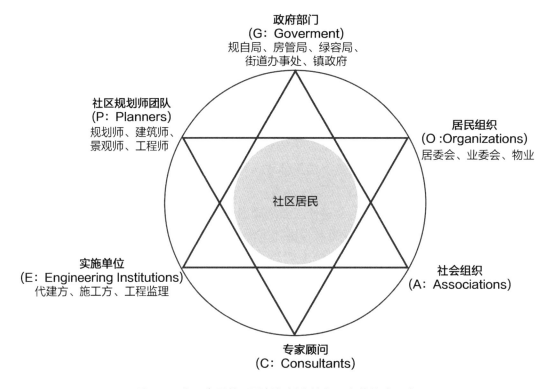

图 5-4　美丽家园社区更新规划中的多元主体构成示意

5.3.2 "三会一代理"和"1+5+X"参与平台

为了改变过去政府大包大揽的改造模式,彭浦镇政府和规划团队达成共识,尝试在美丽家园更新中探索参与式规划模式,邀请居民共同参与。首要工作就是搭建社区更新规划多元参与的"协商平台",通过对区镇既有的基层社区运行协商平台和机制进行研究梳理,发现可以将其重新整合以实现多元参与目标。

1. "三会一代理"自治平台

"三会一代理"自治平台包括决策听证会、矛盾协调会、政务评议会和群众事务代理(图5-5),"决策听证会"属事前商议,可邀请居民共同讨论"美丽家园"的方案和具体议题;"矛盾协调会"属事中协商,调解更新过程中遇到的矛盾分歧,更新方案的逐步成型依靠的是多方主体的协商沟通;"政务评议会"属事后反馈,项目完成后由居民对更新实施效果、社区组织运行情况进行评估反馈。"一代理"是由地方政府和街道牵头,规划师引导公众参与,形成由居委会主任、业委会主任、社区楼组长、物业代表和居民代表等共同形成的"一代理",居民参与以代议制形式完成。

决策听证会　　政务评议会　　矛盾协调会　　群众事务代理制度

"三会"　　　　　　　　　　　　"一代理"

图5-5　"三会一代理"平台模式图

2. "1+5+X"共治平台

当社区问题涉及与周边区域协调时(如与对面小区或单位协商共享停车资源),可通过"1+5+X"共治平台协商(图5-6)。"1"指社区党支部书记1人,"5"包括社区民警、业委会主任、居委会主任、物业公司负责人、群众及社会单位负责人各1人。"X"包括党员志愿者、驻区单位负责人和社区楼组长等。依托该平台,提升社区动员效果,实现广泛有效参与。

社区党支部书记　　社区民警　业委会主任　居委会主任　物业负责人　群众及社会单位负责人　　党员志愿者　驻区单位负责人　社区楼组长

图5-6 "1＋5＋X"共治平台

5.4 全过程参与式社区更新规划

本次美丽家园建设的流程,可概括为六个阶段,分别为项目策划阶段、项目调研阶段、方案编制阶段、公众决策阶段、项目实施阶段和管理维护阶段。社区规划师和社区居民一起全流程参与(图5-7),各阶段均有明确的目标和责任主体。在整个过程中,规划师深入社区,依托搭建的"三会一代理"和"1＋5＋X"等参与平台,通过发放调研问卷和组织会议等形式,充分听取居民反映的问题和需求,多次与居委会、业委会、物业和居民等就规划方案交换意见,通过规划引导居民共同参与社区的自治与共治。

图5-7 全过程参与式规划工作流程

5.4.1　项目策划

美丽家园项目伊始，规划师针对全域居住小区组织摸底筛查，同时社区居委会和业委会根据居民需求，向政府提出更新申请，这样通过政府管理方自上而下的推选以及居民自下而上的诉求反馈，经政府综合评估后永和二村获得批准开展美丽家园社区更新。

在前期策划中发现，老旧社区居民在初期的参与意识普遍不高，因此规划团队策划了多样化的主题活动，邀请社区居民积极参与，期望通过这种方式来激活社区活力、促进文化认同，为进一步的社区更新成果维护及多元主体的共建、共治、共享奠定基础。如组织开展以"美丽家园·我心中的社区"为主题的书画创作活动，邀请社区居民用书法和绘画的表现形式描绘美丽家园，提高居民关心家园的热情和社区归属感，同时也引导广大居民群众参与"美丽家园"建设中来，关心、关爱自己的社区发展和小区建设，强化居住区共建、共治的理念(图5-8)。

5.4.2　项目调研

规划师通过现场踏勘、问卷调查、居民访谈、居民会议和三位一体会议(居委会、业委会、物业公司)等方式，充分听取居民和其他利益相关者意见，进行社区问题汇总和对策思考(图5-9、图5-10)。

5.4.3　方案编制

结合社区基层的组织架构，公众参与采取"分层推进、分步推广"的方式开展，分为三个子环节(图5-11、图5-12)：

(1) 初步方案。规划团队依据居民意见的征询结果进行初步方案编制，并向居民代表、居委会负责人和政府负责人汇报方案，再由居委会组织居民对初步方案进行评议和选择，确定可以继续深化的方案。

(2) 修改方案。规划师基于居民意见进行规划方案的修改，并通过召开居民矛盾协调会进行居民需求矛盾协调，以协商结果和施工方意见再次调整更新方案，并向全体居民公示。

(3) 实施方案。居民对方案进行意见反馈，规划师修改方案后启动全体居民对更新方案的集体表决程序。

图 5-8　居民参加美丽家园书画创作活动

图 5-9　项目调研照片

静安区"美丽家园"建设规划方案阶段调研问卷

为贯彻落实区委、区政府《关于深化静安区"美丽家园"建设的实施意见》的要求，进一步优化城区环境，改善居住环境，推进文明城区创建，着力打造"安全、整洁、文明、有序"的居住环境，不断提升群众在居住方面的获得感和满意度，深化"美丽家园"建设。上海同济城市规划设计研究院作为本次美丽家园规划方案编制单位之一，我们希望在充分听取小区居民反映问题和需求基础上，制定规划实施方案。基于此，特组织本次问卷调查。(居民也可用手机扫描二维码，参与电子版问卷调查）

感谢您的积极参与！　　　　　　　上海同济城市规划设计研究院 2016 年 2 月

注：请填写相关内容或在各选项上打钩（√）。

（一）基本信息：

1、您居住的小区名称：＿＿＿＿＿＿＿＿＿＿＿（如果没有名称，请填写路名路牌号）

2、您所属的年龄段：□25 岁以下　□26-35 岁　□36-45 岁　□46-60 岁　□60 岁以上

3、您受教育的程度：□大学及以上　□高中、中专　□初中　□小学及更低

4、您已居住该小区的时间：□1 年以下　□1-3 年　□3-5 年　□5-10 年　□10 年以上

5、您的住房来源：□租赁　□购买　□拆迁安置　□单位分配　□其它＿＿＿＿＿（填写）

（二）居住方面

6、您的住宅建筑面积为＿＿＿＿平方米，目前家庭居住＿＿＿＿人，其中老年人（60 岁以上）有＿＿＿＿人。

7、家庭在 3 年内是否有新购住房或改善型换购房的计划？

□ 有　　□ 没有　　□ 不确定

8、你对建筑内楼梯、走道等公共部位环境是否满意？

□ 满意　　□ 一般　　□ 不满意

不满意的原因或其他建议是＿＿＿＿＿＿＿＿＿＿

9、您认为目前小区存在的主要问题是（可多选）？

□没有问题，很满意　　□房屋质量不好　　□人际关系不佳　　□交通（停车）不便

□缺乏安全感　　□公共环境较差

10、对现在居住的房屋和小区，你认为存在的其他问题有哪些？

（三）交通与停车方面

11、你的家庭（包括同住的子女）目前有汽车吗？是否有购车意愿？

□有汽车　　□无汽车　　今后两年有无购车意愿：□有　　□无

12、你的家庭有＿＿＿＿辆自行车，＿＿＿＿辆电瓶车。

13、小区出入口如果有条件安装车辆进出的门禁系统，你持什么态度？

□有必要　　□没必要　　□不关心

14、为确保紧急情况下生命通道畅通（消防车、救护车出入），对小区局部绿化适当作调整并拓宽道路增加停车位，你持什么态度？

□同意　　□无所谓　　□不同意，理由＿＿＿＿＿＿＿

15、对现在小区内部的交通出行、车辆停放等有无其他相关建议或意见？

（四）公共设施与环境卫生方面

16、您认为小区总体环境质量如何？

□ 很好　　□ 一般　　□ 比较差　　□ 太差了

17、你认为小区出入口形象如何？

□很好　　□ 一般　　□ 比较差　　□ 太差了

18、对于小区内建筑垃圾乱堆放现象，你认为小区内是否需要设置建筑垃圾堆放点？

□ 有必要　　□ 无所谓　　□没必要或其他相关建议是

19、对小区内的公共活动场地及其环境，是否感到满意？

□ 满意　　□ 一般　　□ 不满意

不满意的原因或其他建议是：

20、对小区环境改善方面，有无相关建议或意见？

（五）综合管理方面

21、你对小区所在居委会的工作是否满意？

□ 满意　　□ 一般　　□不满意，原因是

22、你对小区现有的物业管理是否满意？

□ 满意　　□ 一般　　□不满意，原因是

23、你对小区的安全治安环境是否满意？

□ 满意　　□ 一般　　□不满意，原因是

24、你对小区保洁服务（楼道、公共区清洁、生活垃圾及时处理等）是否满意？

□ 满意　　□ 一般　　□不满意，原因是

25、对小区的综合管理，有无相关建议或意见？

（六）其他

除了上述问题以外，您认为小区还存在哪些需要改进的地方？或对于美丽家园建设的其他相关建议？

图 5-10　"美丽家园"建设规划方案阶段调研问卷

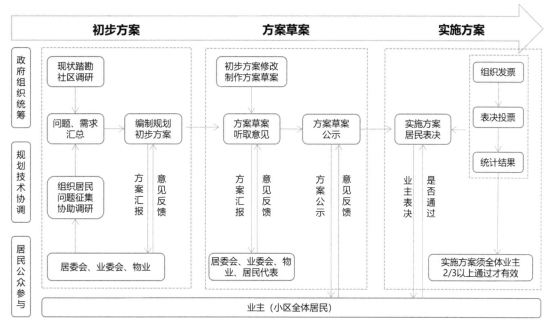

图 5-11　规划方案编制阶段的公众参与流程示意

图 5-12　方案编制阶段规划师向居民介绍方案

5.4.4　公众决策

居委会组织进行选票发放,居民行使决策权进行实施方案的投票表决。根据《中华人民共和国城市居民委员会组织法》、业委会"三项规约"(指《业主大会议事规则》《小区管理规约》《专项维修基金管理规约》)和《物业管理条例》等法律法规层面的规定,要求全体业主三分之二以上同意才能生效,并尽可能促进居民达成广泛一致的目标。经统计,在发放的 3 280 张选票中,同意票为 3 060 票,超过政府要求的标准,因此获得政府给予实施更新规划的批准(图 5-13)。

5.4.5　项目实施

本阶段为具体施工建设和验收环节,政府组织施工方根据更新规划方案进行施工,政府、规划师和志愿者全程参与协调,由施工监理方、小区业主和各方利益相关者进行全程施工监督,以此提高居民的参与度和责任感。

关于上海市闸北区永和二村小区
"美丽家园"建设工程表决结果等事项公告

上海市闸北区永和二村小区"美丽家园"建设工程表决大会于2015年9月6日举行。根据《闸北区关于开展"美丽家园"建设的实施意见》的规定，表决大会会议应当有物业管理区域内专有部分占建筑物总面积过2/3的业主且占总人数过2/3的业主参加。本小区业主人数3280人，建筑物总面积164859.3平方米，表决票送达3280张，占业主人数100%，占建筑物总面积100%，符合表决大会会议召开条件。

会议审议通过了上海市闸北区永和二村小区"美丽家园"建设工程事项。

大会会议表决情况如下：

表决事项	同意票	不同意票	弃权票	废票	同意票占建筑物总面积比例	同意票占业主人数比例
"美丽家园"建设工程	3060	179	41	0	94.24%	93.29%

特此公告

上海市闸北区永和二村小区业主委员会
（公章）
二〇一五年九月六日

图 5-13　公众决策阶段居民投票情况

5.4.6　管理维护

社区更新规划实施完成并竣工验收合格后移交管理方，由居委会、业委会、物业公司和全体业主进行日常的长效管理和维护，可通过确定责任主体、配置专业维护队伍、制订维护计划、加强居民参与和提供资金保障等方面，确保社区更新成果的可持续性。

5.5　更新规划空间方案

将社区场所空间特征与居民生活行为习惯结合，基于人性化理念从交通组织、安全维护、环境提升和建筑修缮四个方面提出系统性更新措施，在充分考虑居民诉求的基础上，形成共识性物质空间更新规划方案，具体包括以下"四个结合"。

5.5.1 将交通组织与生命通道相结合

以确保生命通道和消防通道畅通为主要目标,将永和二村现状不足4米的小区主要道路全部拓展至5米,同时按照消防车转弯半径要求,将部分主干道路转角放大,以增强机动车通行能力(图5-14)。为改善机动车违停破坏绿化带现象,对住宅楼间的带状绿地进行设计调整,改造成为机动车、非机动车及晾晒空间相结合的生态停车位70个。例如道路两侧为机动车垂直停车,中间为非机动车停车空间,非机动车停车后方为晾晒空间(图5-15)。在道路尽端处设置非机动车停车棚,并尽可能设置为可充电式停车棚(图5-16)。

图5-14　永和二村交通整治图

图5-15　机动车、非机动车及晾晒空间相结合的生态停车位

图5-16　尽端非机动车车棚设计

5.5.2 将社区管理与社区安防相结合

通过多次与小区物业方、居民和所在片区的安防人员沟通交流,根据小区存在的管理问题和安全隐患,从而制订相应的改造方案。永和二村4号门和5号门缺乏出入口管理,人车混行,存在安全隐患,因此各增设一套道闸系统,方便机动车进出和管理(图5-17)。在小区内部增设监控摄像探

头,减少公共区域的监控死角,提高小区的安全性(图5-18)。对各单元入口进行适老性改造,如增设无障碍坡道和辅助扶手等。将社区综合管理与社区安防紧密结合,在提高社区安全的同时,也提高了社区的识别性和归属感。

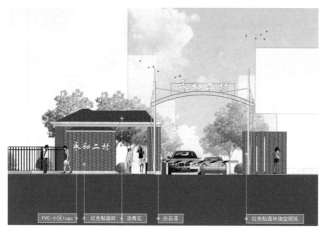
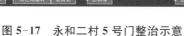

图 5-17　永和二村 5 号门整治示意

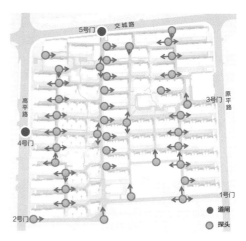

图 5-18　永和二村道闸、监控探头分布图

5.5.3　将环境提升与居民需求相结合

通过对社区居民日间行为的动态跟踪、对踩踏路线的研究分析以及对不同年龄居民的活动时间和活动范围分析,规划适合不同年龄居民的社区慢行步道,串连居民日常使用率最高的重要活力节点(图5-19),并对社区中心广场、幼儿园接送点、老年人活动室以及健身区等9处重要节点进行设计提升(图5-20),为各年龄层居民提供公共交往和休闲健身场所。此外,还通过对局部单调的绿化进行丰富和对原有废品回收点进行美化等措施提升社区环境品质。

5.5.4　将建筑修缮与空间美化相结合

建筑修缮不仅要解决诸如屋顶漏水、墙面渗水及设施老化等建筑本体功能问题,还需要注重楼道和外立面整治等美观提升。通过艺术手法和美学设计,打造出具有审美价值的建筑内部空间和外观,提升社区空间形象和文化内涵。此外,还合理制订施工时序,尽量一次性全面解决问题,减少施工改造对居民日常生活的影响。

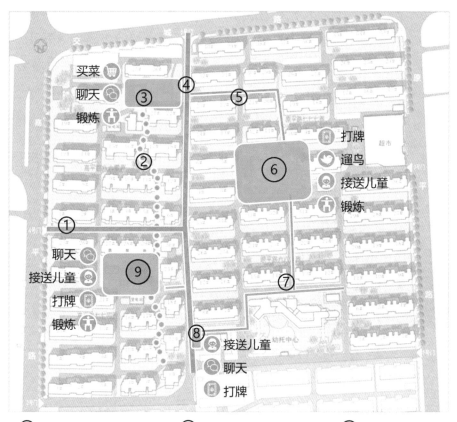

① 高平路门户景观墙　　④ 交城路门口景观道　　⑦ 幼儿园接送点
② 健身游憩节点　　　　⑤ 健身区　　　　　　　⑧ 老年活动室
③ 休憩小广场、俱乐部　⑥ 777号中心广场　　　⑨ 774号中心广场

图 5-19　基于居民活动路径的社区重要节点环境提升

图 5-20　永和二村重要节点环境提升效果图

5.6　参与式社区更新成效

5.6.1　实践成效

经过两年多时间的更新改造,永和二村实现了全新蜕变,社区综合环境得到了极大改善,增强了社区的归属感,居民们的参与意识也得到了显著提升。

1. 空间环境品质显著提升

通过全面细致的现场踏勘、访谈交流和问题汇总,结合社区空间环境特征,有针对性地提出解决方案,强调个性的设计理念与问题导向相结合的设计方法。经过多方共同努力,永和二村在交通组织、安全维护、环境提升和建筑修缮等方面已按照规划方案完成了实施,居住环境得到了极大改善,实施效果获得了居民们的认可和赞许(图5-21)。

| 非机动车棚 | 单元入口 | 门户文化墙 | 建筑外立面 |

图5-21　社区空间更新成效

2. 居民归属感和获得感提升

在解决老旧社区最基本的功能和设施等物质空间问题的基础上,因地制宜提出"健康、环保、生态、人文"等设计理念。突出人文和生态,关注可交往空间营造,增强社区空间场所的特色性、识别性和居民的归属感,将物质规划与精神获得相结合,提高了居民精神层面和心理层面的满意度。

3. 社区参与意识逐渐增强

将动态规划和自治共治相结合,强调社区更新以社区居民为核心,为居民、政府、规划师和建设方搭建了一个公众参与协同平台,采用参与激活手段,拓展公众参与的深度和广度,引导社区更新中居民的共谋、共建、共治和共享。美丽家园更新完成后,社区居民参与意识显著增强,推进陌生人社区逐步向熟人社区转变。

5.6.2 经验模式

在永和二村美丽家园更新中,规划师团队试图总结一种老旧社区更新的"PPP"模式,即"规划、公众参与、实施"全过程模式,强调动态规划、社区自治共治和工程实施建设之间的高效协同。项目依托"三会一代理"和"1+5+X"自治机制,建立参与式社区更新规划工作模式,同时进行了社区规划师工作机制的初代尝试(图5-22),通过参与式规划探索以社区规划有

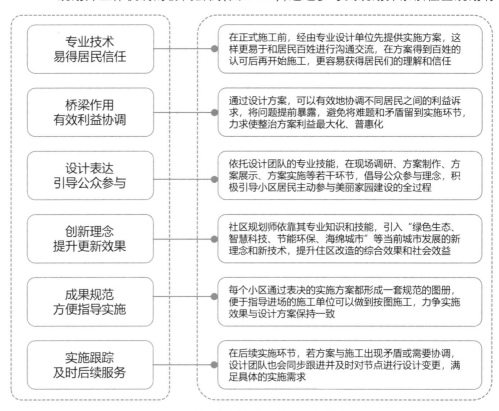

图 5-22　社区规划师介入社区更新的作用

效推动社区治理的方法路径。规划服务贯穿项目始终，是一次从项目调研、方案制订、公众表决和实施建设的全过程协作式行动规划，规划设计有效地指导了后续施工建设，社区综合环境得到了显著改善，社区的公共意识和互识互助得到了发现和提升。

永和二村的经验模式随后在静安区 2016 年美丽家园的 50 余个住区中推广采纳。同时，彭浦镇美丽家园更新项目中的诸多规划方法也作为案例被写入上海市规划和国土资源管理局编制的《上海市 15 分钟社区生活圈规划导则》（图 5-23）。

图 5-23　规划方法被写入《上海市 15 分钟社区生活圈规划导则》

资料来源：上海市规划和国土资源管理局. 上海市 15 分钟社区生活圈规划导则[S/OL]. (2016-09-02)[2024-04-23]. https://hd. ghzyj. sh. gov. cn/zcfg/ghss/201609/P020160902620858362165. pdf.

第六章

案例二：上海沪太支路615弄街巷更新规划

6.1 项目背景

6.1.1 "美丽街区"道路更新建设

2018 年,在上海静安区开展"美丽城区"建设的背景下,彭浦镇对辖区内的道路逐步进行综合提升更新,其中我们团队主持完成的位于彭浦镇的一条普通小巷——沪太支路 615 弄是首批启动的更新试点之一(图 6-1)。

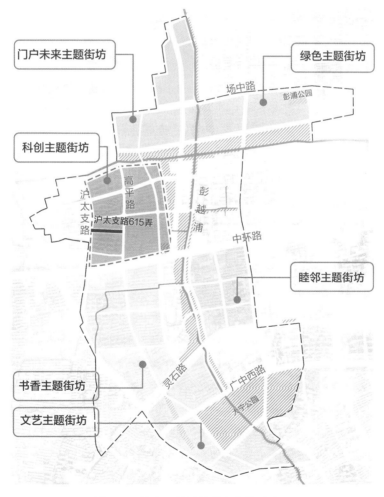

图 6-1 静安区彭浦镇特色街坊分布图

资料来源:沪太支路 615 弄路段更新规划设计,上海同济城市规划设计研究院有限公司(图 6-1,图 6-4～图 6-42)

静安区"美丽城区"道路可大致分为交通性街道、生活性街道、综合性街道和背街小巷四大类(图6-2),沪太支路615弄是一条背街小巷,更新思路是突出解决日常街巷普遍存在的问题,具有典型性和普遍性。运用"小而美"的策略实现包括安全、舒适、宜人和活力等目标(图6-3)。

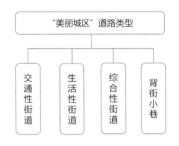

图6-2 "美丽城区"道路类型　　图6-3 静安区"美丽城区"道路更新背街小巷类引导目标

6.1.2 项目概况

沪太支路615弄西起沪太支路,东至高平路,北邻盛世馨园小区,南邻永和家园小区(图6-4),它连接永和生活片区与科创片区,是典型而普遍的周边居民上班生活必经的背街小巷。

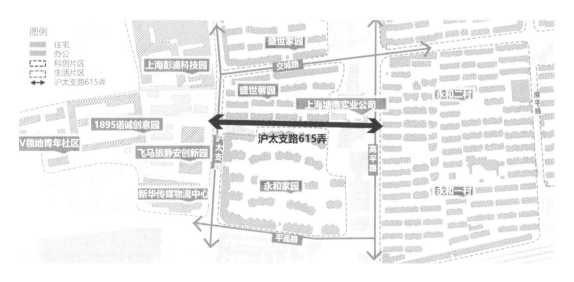

图6-4 沪太支路615弄区位

沪太支路615弄全长360米,宽度不到9米,现状道路被多种功能无序占用。小巷西段为村集体建筑段,一层商铺以经营旧家具为主,常因乱堆货物被投诉,其业态不符合社区需求,经营状况不佳,后续将不再续租。小巷东段为上海塘南实业公司段，中段是小区围墙，该路段也成为企事业单位和居民的停车小巷，乱停放行为侵占了小巷大量空间(图6-5)。

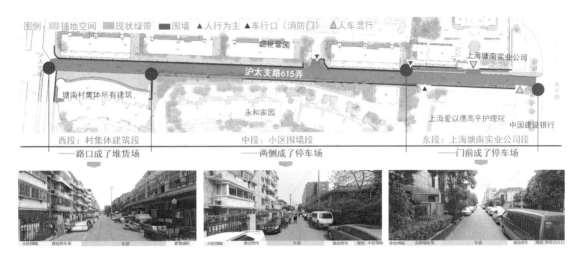

图 6-5　沪太支路 615 弄分段现况

6.2　问题界定与规划理念

6.2.1　问题界定

相较于住区更新，街巷更新涉及更多的利益相关者，沪太支路 615 弄的利益相关者既包括路段上彭浦镇房管办事处、静安区交警第三大队、上海塘南实业公司等企事业单位的工作人员和道路两侧住区的居民，又包括西侧科创园区工作人员、东侧住区的居民以及前来办理业务的人员等，利益主体众多。因此，协调街道路权、协同路侧利益和平衡多方诉求成为沪太支路 615 弄更新的核心问题。

1. 路权之争待协调：停车与慢行矛盾

无论是在沪太支路 615 弄周边的工作人员，还是周边的居民以及来办理业务的市民，都有停车的需求。两侧住区的居民经常因住区内部停车位不足而在该路段停车。而绝大多数居民，尤其是永和一村、二村和东村的老年人、中小学生以及携幼人群则迫切希望改善乱停车现象，营造安全的慢行环境(图 6-6)。

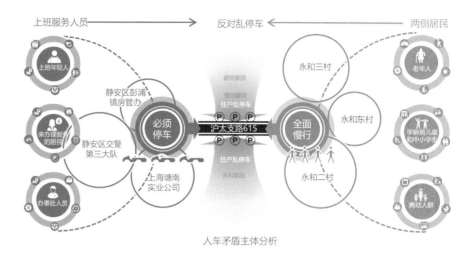

图 6-6　沪太支路 615 弄人车矛盾分析

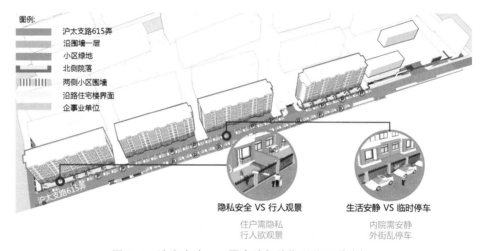

图 6-7　沪太支路 615 弄内院与外街利益矛盾分析

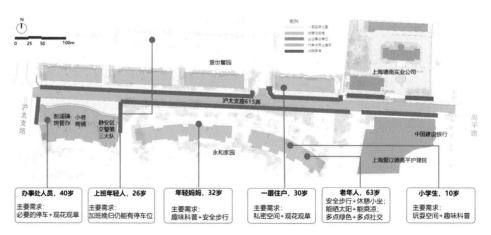

图 6-8　沪太支路 615 弄多元需求分析

2. 路侧利益待协同：内院与外街的利益协调

现状两侧住区与街道由围墙隔开，内院与外街有两方面利益需要协调。一是住区内沿围墙的一楼居民出于隐私和安全考虑，希望围墙可以更加密闭，而街道上的行人则希望可以观赏沿途的景观；二是居民希望围墙能保证居住区内部的安静生活，希望拥有整洁的内院，外街则有沿街临时停车的需求(图 6-7)。

3. 多元需求待平衡：路面窄与需求多的矛盾

沪太支路 615 弄利益主体多元，使用人群多样，因此需求各异。办事处人群希望道路可以增设必要的停车设施，同时有丰富的景观。居住区内上班的年轻人希望自己晚归时仍有空余停车位，一层住户希望自己有足够的私密空间，而老人和儿童则对安全步行、休憩玩耍和绿色空间有更多需求。如何在狭窄街道活用空间来满足利益主体的多元需求成为亟待解决的问题(图 6-8)。

6.2.2　规划理念

街巷更新是一个多方权益协调的过程，因此本次规划采用参与式更新规划方式，提出"多方参与和复合共享"的理念，充分考虑管理者、经营者、出行者和产权人等价值主体的利益，基于公共性、人性化和共享性等价值基点，营造安全、活力、特色、健康和服务性街道(图 6-9)。通过多方参与重塑街道生活，实现"见物、见人、见生活"。

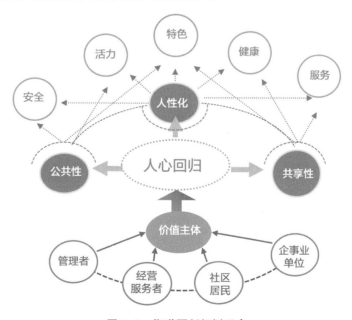

图 6-9　街道更新规划理念

6.3 参与式街巷更新规划治理模式

6.3.1 多元参与的组织机制

本次街巷更新的参与主体由三大系统构成,分别是由产权人、经营者和居民代表等在地利益主体组成的动力系统,由政府、管理部门组成的组织系统和由规划师、设计师等第三方服务者组成的技术系统(图6-10)。

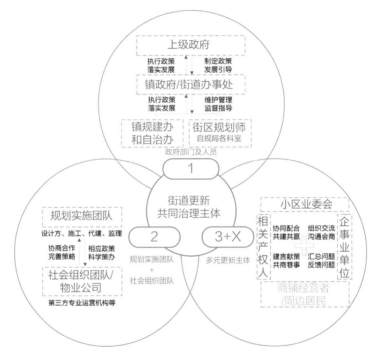

图6-10 沪太支路615弄多元参与主体

1. 动力系统——在地利益主体

在地利益主体包括临街企事业单位、店铺经营者、相关产权人和小区居民等,他们是街巷更新的动力系统,在参与式更新规划中承担需求反馈、沟通会商、监管验收和运维共治等工作。

2. 组织系统——政府、管理部门

主要涉及区绿化市容局、规自局、彭浦镇人民政府以及镇规建办等,他们在街巷更新中负责资金及资源争取、相关部门约请、技术审查组织、项目立项验收以及全程跟踪反馈等。

3. 技术系统——第三方服务者

第三方服务者包括规划实施团队和社会组织团队。其中规划实施团队包括专业设计团队和实施建设团队,专业设计团队为同济规划团队,负责技术协调,承担方案编制、专业咨询、培训引导和上下沟通工作;实施建设团队承担施工、代建、监理等工作,提供专业建造服务。社会组织团队包括专业运营团队、社群组织和物业服务企业等,他们基于治理经验与规划实施团队共同组成技术系统,支撑参与式更新规划策略制定。

6.3.2 全方位协同治理运作机制

为保障多元参与的有效性,设立五大协同治理保障机制:①沟通会商机制,即围绕街巷更新项目中的难点问题,由政府牵头,规划师和代建方执行,联合居委会组织协调,会同多部门和在地利益主体共同开展会商研究,推动问题解决;②供需对接机制,即规划师将居民与周边人群的意见梳理形成街巷更新清单,推动供需精准对接;③巷长推进机制,即由规建办人员暂时担任巷长协助规划师推进需要跨部门科室解决的街巷规划事务;④定向服务机制,即专业设计单位以街巷规划事务为核心,与政府、街巷主体形成定向联系机制,完成项目方案的沟通、修正和落地;⑤监督实施机制,即居委、周边居民、代建、施工和监理以及临巷各单位都有义务共同监督项目的规划设计和建设实施全过程(图6-11)。

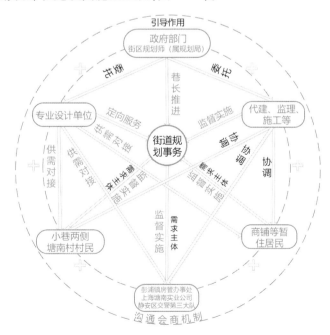

图6-11 沪太支路615弄五大协同治理机制

6.3.3 "1+6"沟通会商平台

为保障沟通效率,沪太支路615弄街巷更新项目建立了"1+6"沟通会商平台(图6-12),"1"即1个街区更新议事平台,协同多部门打破行政阻隔,协调多主体处理利益关系;"6"即通过立项评审会、决策听证会、矛盾协调会、实施推进会、验收评估会及运维商议会6个议事环节中的共同参与,实现多方共赢。

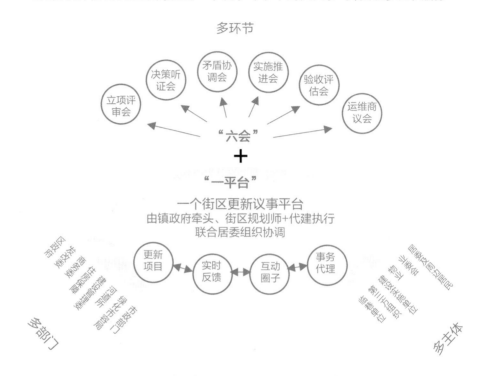

图6-12 沪太支路615弄更新"1+6"沟通会商平台

6.4 全过程参与式街巷更新规划

沪太支路615弄街巷更新规划可分为事前、事中和事后三个阶段。事前是项目的立项与调研阶段,这一阶段规划师对街道主导人群及其核心诉求意见进行摸底,形成分阶段、渐进式改造计划;事中是项目编制与深化阶段,这一阶段规划师引导居民参与规划设计,通过上下沟通协调,推进整体方案制订;事后是项目管控与运维阶段,这一阶段规划师制订项目清单并通过动态评估进行修正,同时通过策划各类共同缔造主题活动促进社区共治共享(图6-13)。

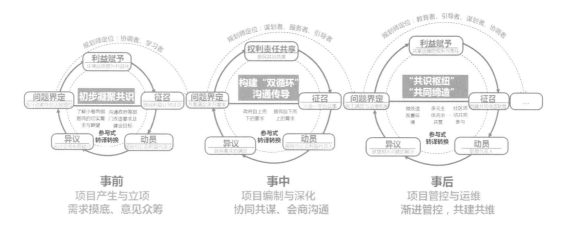

图6-13　规划师引导下沪太支路615弄街道更新参与程序

6.4.1　项目产生与立项

　　为获取使用者对街巷更新的改造意向,项目团队首先锁定主导使用人群,对接周边居民及临巷单位组织,充分了解周边使用人群的意见和建议,得出最迫切、最核心的更新需求方向;其次提出概念构思和设施意向,再次征询在地人群意见,进一步明确使用偏好,对使用人群的主导需求进行锁定;最后结合使用人群提出的意见建议及地点标注,得出空间改造的潜力点,分析选取居民经常使用的地点进行节点设计,提升利益主体对节点空间的满意度(图6-14)。

步骤一——主导人群锁定
人群特征维度——核心诉求
得出核心更新需求方向

步骤二——主导需求锁定
重要性——满意度评估
得出需求设施类型意向

步骤三——提升重点锁定
使用率——喜爱度评估
得出空间改造的潜力点

对接周边居民及临巷单位组织,充分了解周边使用人群的意见建议

准备概念构思和设施意向,再次征询在地人群意见,进一步明确使用偏好

结合使用人群提出的意见建议及地点标注,分析选取居民经常使用的地点做节点设计

图6-14　沪太支路615弄街道更新的需求摸底

1. 使用人群锁定

沪太支路615弄的主要使用人群包括管理者(镇政府规建办、永和家园居委会和静安区彭浦镇房管办事处等)、经营者(上海塘南实业公司、中国建设银行、爱以德高平护理院及沿街商铺等)和出行者(临巷小区居民、周边单位上班者和办事者)等,他们共同组成了街巷更新的动力系统(表6-1、图6-15)。

表6-1 沪太支路615弄主要使用者分析

类型		主体名称	备注	产权人
管理者	管辖部门	镇政府规建办	镇政府部门	—
	临巷社区组织	永和家园居委会	社区组织	—
	临巷事业单位	静安区彭浦镇房管办	正常办公服务	塘南村集体所有
		静安区交警第三大队	正常办公服务	
经营者	临巷单位经营者	上海塘南实业公司	发展状况良好	
		中国建设银行	正常办公服务	
		爱以德高平护理院	经营状况良好	
	临巷个体经营者	沪太支路615弄商铺	经营状况较差闲置或转租中	
出行者1	临巷小区居民们	永和家园	总人数4 755,其中儿童及老人占34%。	居民个人
		盛世馨园	0~3岁:61人 4~6岁:100人 7~17岁:768人 ≥60岁:689人	
出行者2	周边单位上班者	上海彭浦科技园	步行上班为主临时停车次之	塘南村集体所有
		飞马旅静安创新园		
出行者3	办事者			

2. 主导需求锁定

进一步分析各类使用人群间的利益关系(图6-16)及其在街巷更新中的影响力、优劣势和利益需求等(图6-17),可以发现临巷企事业单位的共性需求是进行合理停车规划来禁止占道乱停,保证基本办公车位需求,提升小巷环境品质以及增加休闲休憩设施;个性化需求在于上海塘南实业公

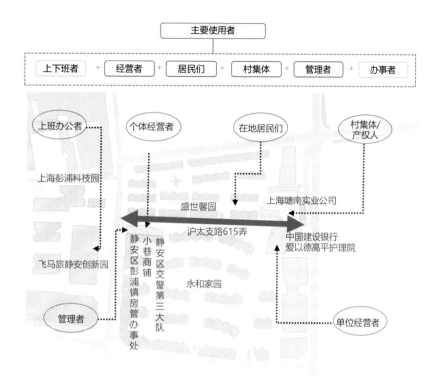

图 6-15 沪太支路 615 弄主要使用者分布图

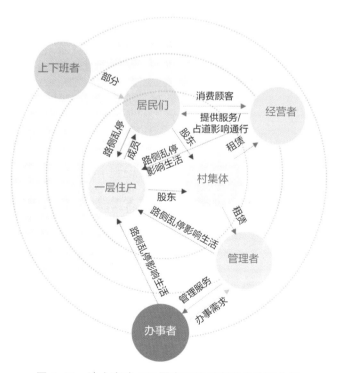

图 6-16 沪太支路 615 弄主要使用者利益关系分析

司有展示企业文化和提升公共服务门户形象的需求,而商铺经营者希望前
区有临时外摆活动区来提高商业吸引力。周边居民的需求因人而异,居民
的年龄、性别、职业和文化程度等都会对其需求产生影响。根据周边小区
人口结构特征进一步细分居民使用者(图6-18),选取典型特征居民代表,
通过现场访谈和问卷征询来收集他们的诉求,从而识别较为全面真实的居
民需求。居民的需求涉及安全、休憩、玩耍、科普和观赏等方面(图6-19)。

图6-17　沪太支路615弄临巷单位需求分析

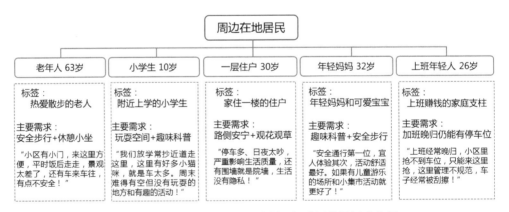

图6-18　沪太支路615弄周边居民细分画像及诉求分析

3. 锁定提升重点

通过两种方式获取主要使用者对场地的评价:一是在居委的协助下采
取线上、线下相结合的方式,全面了解主要使用者的评价;二是借助眼动追
踪和脑电技术邀请使用者参与空间体验感知测量实验,通过数据分析精准
评估使用者眼中空间更新的关键要素。结合两种方法分析结果,判别修补

对象，锁定提升重点（图 6-20）。

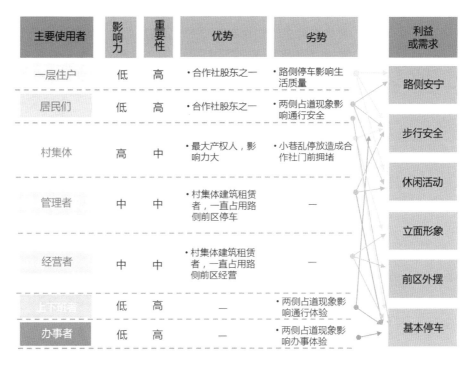

主要使用者	影响力	重要性	优势	劣势	利益或需求
一层住户	低	高	•合作社股东之一	•路侧停车影响生活质量	路侧安宁
居民们	低	高	•合作社股东之一	•两侧占道现象影响通行安全	步行安全
村集体	高	中	•最大产权人，影响力大	•小巷乱停造成合作社门前拥堵	休闲活动
管理者	中	中	•村集体建筑租赁者，一直占用路侧前区停车	—	立面形象
经营者	中	中	•村集体建筑租赁者，一直占用路侧前区经营	—	前区外摆
上下班者	低	高	—	•两侧占道现象影响通行体验	基本停车
办事者	低	高	—	•两侧占道现象影响办事体验	

图 6-19　沪太支路 615 弄主要使用者影响力、重要性、优劣势和利益需求分析

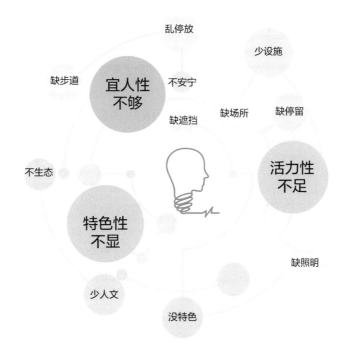

图 6-20　公众眼中沪太支路 615 弄的问题

4. 初拟改造计划

基于使用者对街道全要素感知评估的共性要点对街道进行优化,同时考虑在地多元使用者的个性化改造诉求进行功能提升,初步形成分阶段、渐进式更新改造计划(图 6-21)。沪太支路 615 弄的近期目标是打造一条品质优化小巷,中期目标为邻里客厅小巷,远期目标为共享生活小巷。

图 6-21　沪太支路 615 弄渐进式改造计划

6.4.2　项目编制与深化

在项目编制与深化阶段,规划师承担协调者角色,为更有效促进上下沟通协调,构建了双向传导响应机制(图 6-22),规划师既负责对接市、区两级政府管理部门、镇政府、居委以及上海塘南实业公司等自上而下的要求,又反馈居民、第三方组织、建设实施单位及物业等自下而上的诉求。使多方利益主体全程参与街道更新过程中,街巷更新也从聚焦物质环境的"街巷建设"逐渐转为多主体主动参与的全维度"街巷营造"(图 6-23)。

6.4.3　项目管控与运维

由规划师制订"一张表"项目清单来管控近中远期更新项目(表 6-2),

然后由政府牵头，代建方和规划师协同，联合居委等不同参与主体通过建立的街巷更新议事平台对项目清单进行动态评估反馈修正，从而有序推进街道更新计划。

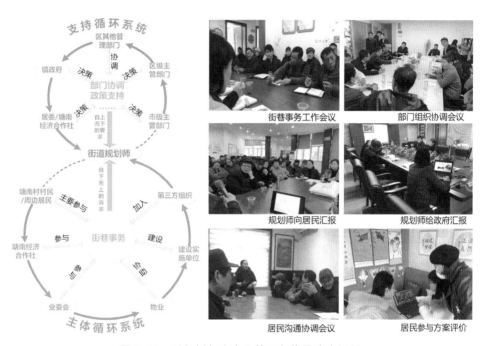

图 6-22　以规划师为中心的双向传导响应机制

图 6-23　多元参与主体全过程参与方案设计

表 6-2 "一张表"管控近、中、远期更新

时序（年）		编号	项目内容	具体内容	实施主体	资金来源	建设时序（年）				项目来源	建设目标
							2018	2019	2020	2021		
近期	2018—2019	1	入口界面景观改造	① 节点一：西侧沿沪太支路入口； ② 节点二：东侧沿高平路入口	彭浦镇政府	财政	√	√			2018 美丽街区立项项目	生态低碳小巷
		2	道路通行空间设施提升	① 增加行人步道 规范停车位等； ② 沿围墙增加绿色特色带	彭浦镇政府	财政	√	√			2018 美丽街区立项项目	生态低碳小巷
		3	盛世馨园南入口围墙及绿化改造	① 小区南入口门卫亭及大门立面改造； ② 南入口周边入口绿化提升； ③ 盛世馨园围墙立面综合改造	彭浦镇政府	财政	√	√			2018 美丽街区立项项目	生态低碳小巷
		4	上海塘南实业公司出入口及围墙改造	① 立面改造设计； ② 围墙改造； ③ 入口改造	彭浦镇政府	财政	√	√			2018 美丽街区立项项目	生态低碳小巷
		5	村集体商业建筑前区改造	① 下沉式种植带； ② 休憩设施可不设座椅，如有需要可局部设置； ③ 废物箱； ④ 非机动车停车设施； ⑤ 照明设施	彭浦镇政府	财政	√	√			2018 美丽街区立项项目	生态低碳小巷
		6	村集体商业建筑立面整治	① 一层建筑立面与店招改造； ② 二层建筑立面刷新； ③ 建筑拆违与清理占道物品	彭浦镇政府	财政	√	√			2018 美丽街区立项项目	生态低碳小巷
		7	交警队出入口及内院庭综合整治	① 增设沿街围墙； ② 增设交警队门头及内院大门； ③ 沿围墙处增加种植池； ④ 增设雨棚	彭浦镇政府	财政	√	√			2018 美丽街区立项项目	生态低碳小巷

续表

时序（年）		编号	项目内容	具体内容	实施主体	资金来源	建设时序（年）				项目来源	建设目标
							2018	2019	2020	2021		
近期	2018—2019	8	永和家园围墙绿化改造及绿化	①柱子修缮与更新;②种植池补种和绿化;③围墙立体绿化	彭浦镇政府	财政	√				2018美丽街区立项项目	生态低碳小巷
中期	2019—2020	1	村集体建筑功能提升	①植入为老服务中心、综合睡邻中心和智慧驿站;②改造建筑外环境,适于人停留	彭浦镇政府	财政+村集体		√	√		2018美丽街区立项项目	邻里客厅小巷
		2	优化、提升小巷儿童活动空间	①部分车位设置成趣味活动空间,增加儿童游乐场景;②全龄友好互动共享场景	彭浦镇政府	财政		√	√		2018美丽街区立项项目	邻里客厅小巷
远期	2020—2021	1	联动盛世馨园及永和家园美丽家园改造项目	①全面慢行绿道建设;②永和家园北侧围墙破墙开门,连接沪太支路615弄和盛世馨园绿道	彭浦镇政府	财政			√	√	—	共享生活小巷
		2	政府办事处腾退与全面功能转型	①植入全龄活动空间,儿童游乐中心等;②增设室内图书馆	彭浦镇政府	财政+村集体			√	√	—	共享生活小巷
		3	开展人文主题活动	①社区诗词艺术节;②儿童节艺术表演;③社区联谊活动等	彭浦镇政府	财政+村集体			√	√	—	共享生活小巷

利益主体是否参与了街道更新的设计和实施过程影响了他们在后续使用中对更新实施成果的维护动力。项目组通过策划"人文小巷"和"艺术上墙"等共同缔造主题活动,使利益主体描绘出沪太支路615弄的理想图景,并将其设计的艺术作品作为装饰品嵌入街墙,让利益主体与设计团队共同进行设计与实施,增加利益主体对街区的认同感和自豪感,促进社区共治共享(图6-24、图6-25)。

筹备会　　　　　　　　方案讨论会　　　　　　　　　　　主题涂鸦现场

图 6-24　"人文小巷"共同缔造主题活动

图 6-25　"艺术上墙"宜居小巷、共同缔造活动

6.5 更新规划空间方案

通过多方共同参与,提出了沪太支路 615 弄街道空间营造的三条策略,分别是通过交通安宁友好化设计化解路权之争,通过路侧协同柔性化设计协同路侧利益,通过场所多元共享化设计满足多元需求。

6.5.1 交通安宁友好化: 化解路权之争

交通安宁友好化的核心是车速的限制以及路权划分的平等化。基于多方人群的慢行需求、必要停车需求和反对特定区域停车的要求,合理划分路权。在北侧增设步道,保证慢行友好;在南侧划定停车位,采用分时使用手段,使多方人群的需求和路权得以保证(图 6-26、图 6-27)。

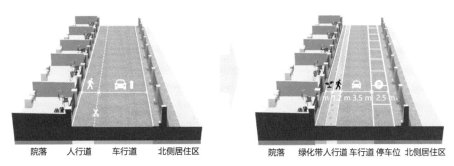

图 6-26 基于交通安宁友好化的道路断面改造示意

图 6-27 交通安宁友好化设计意象

6.5.2 路侧协同柔性化：协同路侧利益

　　街道北侧小区围墙引发的居民隐私需求与行人观景需求的矛盾是街道内院与外街的核心利益之一。规划师先是采用入户访谈、行人采访等方式收集在地使用者的真实需求(图6-28)；然后邀请围墙内外居民代表共同绘制方案并组织会议展开针对性讨论,将各协同方案进行整合(图6-29)；

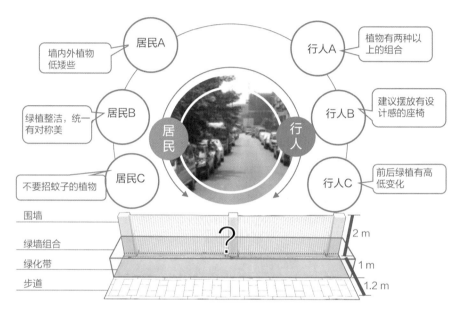

图 6-28　沪太支路 615 弄路侧利益协同对象

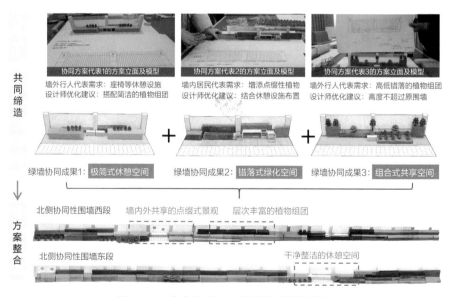

图 6-29　沪太支路 615 弄协同式设计成果

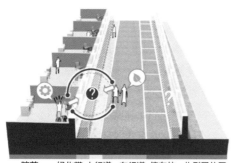

院落　绿化带　人行道　车行道　停车位　北侧居住区　　　　　院落　绿化带　人行道　车行道　停车位　北侧居住区

图 6-30　基于路侧协同柔性化的道路断面改造示意

资料来源：沪太支路 615 弄路段更新规划设计

技术路线

STEP **1** 需求采集：
采用入户访谈、行人采访的方法收集在地使用者的真实需求

STEP **2** 协同设计：
街道规划师协助墙内、墙外居民代表们共谋共建共评绿墙方案

STEP **3** 评估修正：
设计师采用"眼动追踪+问卷"形式对组合设计方案评估修正

图 6-31　沪太支路 615 弄协同式设计方法

图 6-32　沪太路 615 弄街道更新方案眼动追踪实验设计

再通过眼动追踪和脑电技术进行模拟测试,结合问卷调查对方案进行评估和修正,最后形成了路侧协同柔性化设计方案(图6-30、图6-31)。

北侧围墙(院墙)对一层住户的生活影响最为直接,为了确保规划方案实施后墙内外的效果能达到居民的预期,规划师邀请相关利益群体进行眼动追踪实验(图6-32),以眼动和行为证据为手段创新精细化设计方法。实验表明,从墙外看,北侧围墙墙外绿篱和座椅的组合式景观提升了行人的步行愉悦感,促进了行人的停留意愿和交往意愿;从墙内看,墙内高低错落的绿篱围合景观提升了一层住户的安全感和舒适感,也为院落渗透了街道活力。基于眼追踪技术的空间体验感知测量实验帮助设计师进一步精准评估公众眼中空间更新的关键要素。

6.5.3 场所多元共享化:满足多元需求

1. 空间设计实现分时共享

沪太支路615弄路幅较窄但人群需求多样,因此分时共享成为满足多元需求的重要策略之一。

前区微广场采用设施模块化并结合人体工程学设计,利用不同高度模块形成高低座椅,体现全龄友好性。并通过不同模块组合提供临时车挡、外摆休闲等功能(图6-33、图6-34)。车位微公园采用行为观察法,总结不同年龄儿童的行为偏好并融入分时游戏车位设计中,形成三大游戏场景,分别是以彩色泡泡和数字格子为特色的幼儿探索组、以塔罗园和植物图谱为特色的少儿探秘组和以跳格子、艺术彩绘为特色的少年美育组(图6-35、图6-36)。

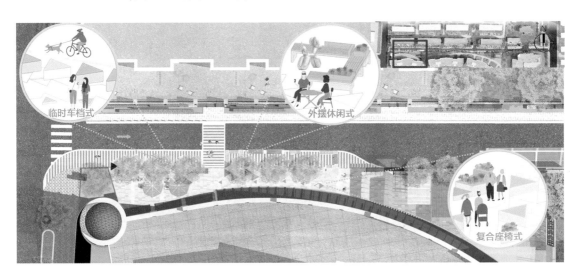

图6-33 前区微广场——分时共享的多功能客厅平面

图 6-34 前区微广场——分时共享的多功能客厅效果

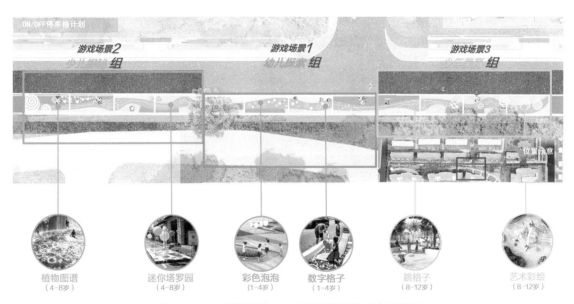

| 植物图谱 | 迷你塔罗园 | 彩色泡泡 | 数字格子 | 跳格子 | 艺术彩绘 |
| （4-8岁） | （4-8岁） | （1-4岁） | （1-4岁） | （8-12岁） | （8-12岁） |

图 6-35 车位微公园——分时共享的游戏车位平面

图 6-36 车位微公园——分时共享场景

2. 近远结合实现功能复合

近期主要对小巷的空间进行更新来满足使用者最迫切的需求,在北侧沿墙打造融绿漫步带,在南侧规划分时停车共享带,并通过整治出入口来挖潜节点空间。中期对小巷建筑的功能升级来满足使用者多样化功能需求,如引入为老中心满足养老服务需求,引入智慧驿站满足健康监测需求,引入睦邻中心满足全龄休闲需求。远期通过街坊内外联动将沪太支路615弄打造为社区慢行小巷,如破墙开门联动两侧社区慢行体系,进一步推动街道无车化以实现全面慢行,并迁出交管局和房管所来打造社区综合体。通过近中远期时空联动,实现功能复合,满足多元需求(图6-37、图6-38)。

通过多方参与,共同营造了一条共享式生态低碳生活小巷,更新完成后的沪太支路615弄街道包括三段场景,分别是西段交往客厅段、中段邻里长廊段和东段公共门户段(图6-39—图6-42)。

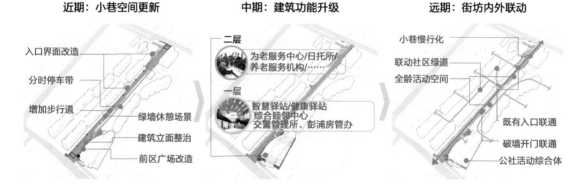

图 6-37　近中远期功能复合与分时共享策略

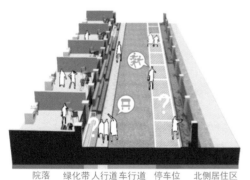
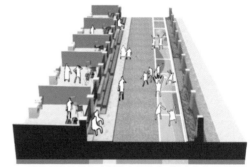

图 6-38　基于场所分时共享化设计的道路断面改造示意

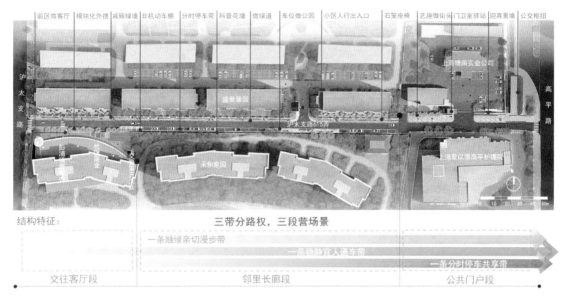

图6-39 沪太支路615弄街道更新设计方案

图6-40 沪太支路街道更新示意(西段交往客厅)

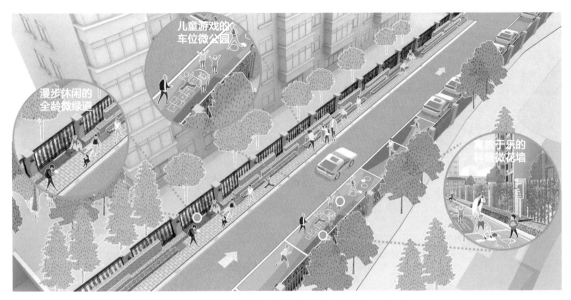

图 6-41　沪太支路街道更新示意(中段邻里长廊)

图 6-42　沪太支路街道更新示意(东段公共门户)

6.6　参与式街巷更新成效

6.6.1　实践成效

沪太支路 615 弄更新规划近期实施后,基本具有环境优化、功能完善和治理提升等多方面成效。首先,优化了建成环境,更新改造后的沪太支路 615 弄已初具花园客厅氛围,成为附近居民就近小憩、学生上下学、儿童探索自然以及猫咪自由晒太阳的有趣之路(图 6-43)。其次,村集体自管的建筑空间部分成功引入申养运营机构和为老服务、健康驿站等睦邻功能,新功能和新业态的植入,大大激发了街道活力。最后,通过多方参与的街道更新活动,提升了周边街坊的社区治理水平,更新获得了两侧在地居民的喜爱与点赞,大家集体期待远期建设的到来,沪太支路 615 弄也成为社交新场所和邻里新纽带。

图 6-43　沪太支路 615 弄建成效果

6.6.2 经验模式

在沪太支路615弄街巷更新项目中,团队探索了全过程参与式街道更新(Planning Operation Participation, POP)模式,将街巷更新过程大致分为项目产生、项目立项、方案深化、项目实施、项目验收和项目运维共六个阶段(图6-44)。项目产生阶段,多元利益主体通过居民平台反馈提出更新诉求;项目立项阶段,居民和其他利益主体参与街道调研和访谈,提出街道更新愿景,并对规划方案提出意见和建议,通过共同讨论调整方案,促成意见一致;方案深化阶段,规划师获取各利益主体意见,并确保多元主体意见尽可能得到落实;项目实施阶段,多元主体监督施工,并将实施阶段发现的问题及时告知规划师;项目验收阶段,多元利益主体通过现场查看,提出意见和使用反馈;项目运维阶段,由政府部门牵头,明确各方管理主体,进行长效运维,同时也促进了邻里交往。

图 6-44 沪太支路 615 弄 POP 参与式规划模式

第七章

案例三：北京通州后南仓小区社区更新规划

7.1 项目背景

7.1.1 北京通州城市副中心"责任双师"和"新芽项目"

2019 年 8 月,北京通州城市副中心启动责任规划师和责任建筑师工作,助力北京城市副中心控制性详细规划的高质量实施和城市更新工作的有序推进。新芽项目是北京市规划和自然资源委员会通州分局以副中心责任双师为抓手,聚焦人民身边的小微空间环境打造的"副中心品牌",其核心是促进副中心老旧小区更新和公共环境整治。其中,后南仓小区更新项目是 2022 年 04 组团开展的第一个新芽项目,在北京市规划和自然资源委员会通州分局的引领下,由上海同济城市规划设计研究院有限公司和北方工业大学合作组成的 04 组团责任双师团队,携手通州区北苑街道办事处与后南仓社区居民委员会,为后南仓小区新芽项目积极搭建全过程公众参与平台,促成多方参与下的社区公共空间更新。

7.1.2 项目概况

后南仓小区位于通州区北苑街道(图 7-1),北起富力金禧花园小区,南至玉带河西街,西起新仓路,东至新华南路,小区用地面积约 6.32 公顷(图 7-2)。后南仓小区始建于 20 世纪 80 年代,是典型的单位老旧小区,总计 32 栋建筑,权属单位 10 余家(图 7-3),共有居民 1 504 户,约3 800 人。

7.2 问题界定与行动计划

7.2.1 问题界定

由于老旧小区的先天不足,后南仓小区在物质空间层面存在诸多问题。

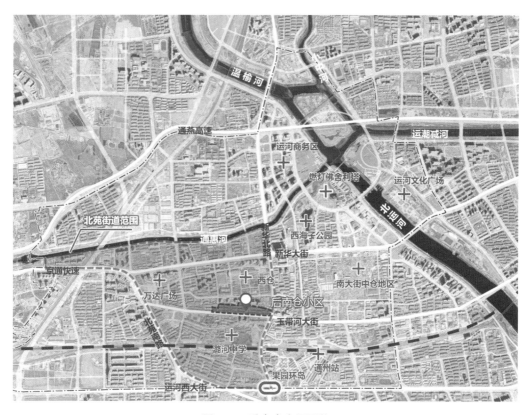

图 7-1 后南仓小区区位

资料来源:北京城市副中心责任规划师 04 组团新芽项目—北苑街道后南仓小区综合治理与提升项目深化设计方案,上海同济城市规划设计研究院有限公司(图 7-1～图 7-13)

图 7-2 后南仓小区现状影像

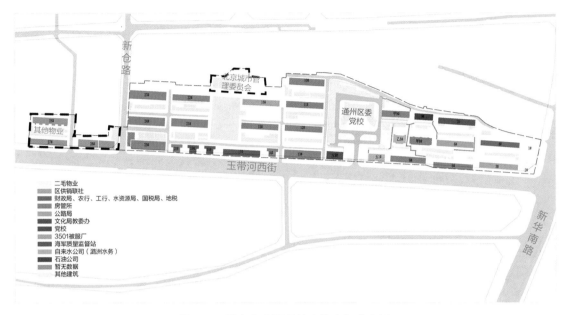

二毛物业
区供销联社
财政局、农行、工行、水资源局、国税局、地税
房管所
公路局
文化局教委办
党校
3501被服厂
海军质量监督站
自来水公司（潞洲水务）
石油公司
暂无数据
其他建筑

图 7-3　后南仓小区现状建筑产权分布图

1. 公共空间利用不充分且环境衰败

后南仓小区现状公共空间主要为小区中心广场,以硬质铺装为主,绿化环境品质较低,休憩设施不足。小区以区委党校为界分为东西两区,东区权属单位相对较多,楼栋之间由多处围墙分隔,大围墙内套有小围墙,消极空间较多。宅前私搭现象严重,缺少统一管理,公共活动空间品质整体不高。

2. 机动车停放混乱且生命通道不畅

小区存在较多路侧停车,机动车停放侵占步行空间,生命通道不畅通。此外还有局部道路转弯半径过小、缺少充电桩等其他交通问题。

3. 非机动车棚破败且存在安全隐患

小区非机动车停放无序,非机动车车棚年久失修,内部非机动车摆放混乱。部分车棚改做理发店等小型服务设施,存在安全隐患。

7.2.2　行动计划

由于权属单位较多,社区治理难度也相对较大。如何平衡多元利益和需求,形成共识性规划方案,从而使更新计划顺利实施,是该小区更新面临的核心问题。04 组团责任规划师秉承新芽项目的宗旨,以公共空间治理为着力点,通过现场调研与听取民意,确定将中心广场作为一期先行实施。集体生活的公共广场空间既是公共利益的焦点也是多方使用的争夺场。通过成立参与式设计工作坊,邀请多元主体共同参与社区空间治理,通过居民共谋共建以增强其集体认同归属感。最终,以中心广场的参与式规划和营建过程作为"触媒"带动整个小区的社区更新。

7.3　参与式设计工作坊

7.3.1　工作坊成立

由政府部门牵头,联合责师团队、居委以及居民代表,成立参与式设计工作坊并组织多元参与活动,工作坊团队成员具体包括北京市规划和自然资源委员会通州分局代表3人、北苑街道代表2人、后南仓居委代表5人、北京城市副中心04组团责师团队8人、居民代表(积极分子、业委会和其他不同年龄段居民)20余人以及物业经理和现场工作人员多人。

责任规划师团队根据更新不同环节找准角色定位,统筹多方共同参与设计、实施和治理三大环节。一是设计环节,责师充当起聆听者和谋划者的角色,采用现场调研、线上线下征询和入户访谈等多样化方式倾听百姓诉求。通过策划参与式设计坊活动联合多方主体并赋能在地居民参与共绘家园蓝图。二是实施环节,在区自规分局、区发改委和区住建委的共同参与下,责师联合实施建设团队承担起协调员和活动组织者的角色,及时响应方案实施建设过程中的民言民意,并组织广场名称共筹、绿树共植和历史共忆等活动助力打造居民们心目中的广场。三是治理环节,责师和运营团队成为社区治理师和联络员,通过对接各产权单位主体及其代表,保证更新行动覆盖多方并尽可能做到公平公正。

7.3.2　工作坊流程

笔者作为04组团首席责任规划师组织开展了参与式设计坊活动,将活动主要分为四个环节:

第一个环节为"提一提",由居民代表提出使用中的感受。责任规划师引导居民代表对小区中心广场的现状使用情况提一提自己的使用感受与诉求,居民将意见写在便笺纸上并贴在现状总平面图上,责任规划师负责总结记录(图7-4)。

第二个环节为"选一选",由居民代表选出广场中的设施。责任规划师根据初步问卷调研,寻找切合居民需求的五大类广场设施,将意向图片制

图 7-4　参与式设计工作坊环节一：提一提

图 7-5　参与式设计工作坊环节二：选一选

图 7-6　参与式设计工作坊环节三：画一画

图 7-7　参与式设计工作坊环节四：谈一谈

作成展板。居民代表在展板上通过贴标签，选择心仪的设施意向(图7-5)。

第三个环节为"画一画"，由居民代表画出理想中的广场。通过环节一的发现问题和环节二的设施选择，此环节鼓励居民代表在图上画一画。居民根据自身空间使用偏好，进一步落实功能设施位置。责任规划师代表、政府代表作为志愿者加入居民代表的自由分组中，协助居民共同绘制理想中的广场(图7-6)。

第四个环节为"谈一谈"，由居民代表谈出心目中的畅想。绘制完图纸后，每组上台分享广场提升的初步构思，向大家描绘心目中理想广场的蓝图愿景(图7-7)。

随后，笔者作为04组团首席责任规划师总结了本次居民参与式设计工作坊活动，并结合在地居民的实际诉求，汇总了责师团队初步构思的设计方案，与在场居民代表作进一步的沟通交流(图7-8)。

最后，为了凝聚更多群众的力量和智慧，成立了由多方倡议的后南仓社区治理志愿团(图7-9)，责师团队发布了后续意见征集平台的二维码，持续搜集居民的意见和建议。政府代表、责师代表、居民代表以及第三方服务者代表陆续上台签名并发表了活动感言和祝福期待(图7-10)。

后南仓小区参与式设计工作坊倾听居民的心声，努力改变传统的自上而下的规划工作方式，将百姓切身需求纳入更新规划设计之中，积极探索幸福家园共建共享新模式。

图7-8　笔者作为04组团首席责任规划师总结发言

图 7-9　后南仓社区治理志愿团成立

图 7-10　后南仓社区治理志愿团成立签字仪式

7.4　更新规划空间方案

依据现场居民代表意见及网络问卷调查,对后南仓公共广场空间进行更新规划设计,在保留原有场地特征及记忆点的前提下,从活动空间划分、路面铺装、景观绿化、设施小品和围栏等方面,深化设计儿童活动区、健身器械区、雪松树池、羽毛球活动区和健康广场等节点(图 7-11、图 7-12)。

1. 活动空间全龄友好化

基于对居民活动诉求的调查,广场规划设置满足居民全龄多样需求的活动空间,对部分场地进行分时共享。场地设施包括老年人健身设施、儿童活动设施、羽毛球运动场地、乒乓球活动场地、太极队活动场地、舞蹈队活动场地以及健步走队活动场地等。

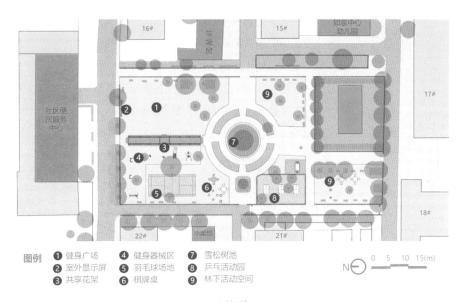

图例　① 健身广场　④ 健身器械区　⑦ 雪松树池
　　　② 室外显示屏　⑤ 羽毛球场地　⑧ 乒乓活动园
　　　③ 共享花架　　⑥ 棋牌桌　　　⑨ 林下活动空间

0　5　10　15(m)

更新前

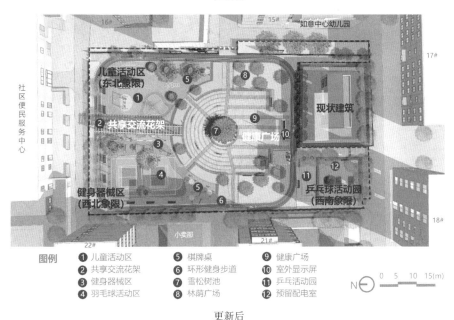

图例　① 儿童活动区　　⑤ 棋牌桌　　　　⑨ 健康广场
　　　② 共享交流花架　⑥ 环形健身步道　⑩ 室外显示屏
　　　③ 健身器械区　　⑦ 雪松树池　　　⑪ 乒乓活动园
　　　④ 羽毛球活动区　⑧ 林荫广场　　　⑫ 预留配电室

0　5　10　15(m)

更新后

图 7-11　后南仓中心广场总平面更新设计前后对比

2. 历史记忆地标化

充分挖掘社区人文资源,注重将美术、艺术与人文相结合,责任规划师以人文景墙为文化地标,通过开辟记忆展和溯源标记,锚固历史坐标留住集体和城市印记。广场中心铺装采用金属字及石材刻上"后南仓"名称由来的相关文字简介,将硬件更新改造升级为文化归属塑造。同时,花架提名、提字也交给居民自组织完成,提升社区归属感和凝聚力。

3. 景观生态低碳化

充分调研广场现状景观绿植,评估绿植的健康状况和位置分布,结合收集的居民意见,保留大部分现状乔木,移栽少数胸径较小的乔木,修补绿化带,翻新共享交流花架,通过绿植搭配、景观设计将广场绿化率提升两倍,增加绿化碳汇。同时注重海绵城市、太阳能光伏等低碳技术的融入,广场景观绿化的空间品质和生态效益得到提升(图7-13)。

图 7-12 后南仓中心广场更新规划设计鸟瞰效果

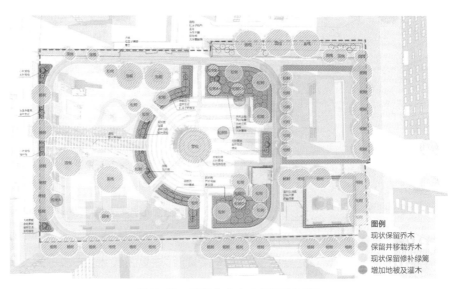

图 7-13 后南仓中心广场绿化更新

7.5　参与式更新规划成效

7.5.1　实践成效

1. 对社区空间的改善

责师策划并组织参与式设计坊活动,通过引导居民参与"提一提""选一选""画一画"和"谈一谈"等共绘家园活动环节,了解不同居民对广场的使用需求、设施偏好和愿景期盼,平衡多元需求,形成"一环四象限"的广场空间景观。将破败的社区公共空间重新进行了优化重组,不仅使社区公共空间景观样貌焕然一新,优化居民活动空间和交流场所,更重要的是满足了多龄段、多时段的活动需求,提升了社区的景观绿化率,社区的公共空间品质得到了有效的提升。

2. 对人文关怀的促进

责任规划师联合多方力量,组织了有针对性的共建活动,让广场更新成为凝聚多方人心的黏合剂。如责任规划师发起的为中心广场和廊架征名活动,得到后南仓小区居民们的广泛支持与热情参与。居民焦国庆更是一人贡献了五个广场参考名,将后南仓历史文化元素融入命名构思中。通过多轮的线上线下投票环节活动,最终大家票选出"后南仓广场"和"紫藤廊"两个最具在地资源特色的名称,也承载了在地居民几十年的记忆。通过这一系列人文活动,有效地发挥了在地集体的智慧,更调动了在地居民参与家园共治的热情,实现了从底色到特色、从温度到厚度的升级。

居民代表孙廷林老人作为第一批在后南仓小区安家的居民,几十年来见证了小区发展变化的风雨历程。他表示:"小区建成时间久,很多设施都老化了。更新改造中能够听民心、顺民意,是真真正正把实事办到了老百姓心坎里。"

3. 对社区资源的激活

在政府牵头组织下联合责师、居委以及居民代表们成立后南仓社区共同治理志愿团,并开通共议共商平台。通过对社区资源优势盘点和挖掘,在多方参与下实现社区共建,激活了社区的物质资源、历史文化资源、人力与社会等社区潜在资源,通过对单位家属院的共同回忆唤起新老一代居民对社区的认同感和幸福感,使社区的内生动力得以发现,激发了社区资产增值并实现内涵式发展。

7.5.2 经验模式

后南仓社区更新项目从筛选到设计、从设计到施工、从施工到落成,凝聚了多方力量,除了北京市通州区北苑街道的积极筹措、责任双师团队专业技术支撑,还受到了通州区级相关部门的大力支持。

项目策划阶段,责任双师专业团队来到小区,面对面邀请居民加入设计工作坊,联合政府部门、居委和物业等多元主体,成立社区治理志愿团。

项目设计阶段,责任双师团队与愿景集团利用专业的设计能力及丰富的改造运营经验,多次实地踏勘、探讨工作方案,深挖居民诉求,街道及社区也充分利用"线上 + 线下"多种形式进行基层协商,通过召开居民议事会、公众号征集建议等活动,深入调研收集覆盖范围更广泛、年龄层次更丰富、需求角度更多元的居民心声。经过多轮设计方案的调整和完善,最大限度地满足小区全龄居民对生活环境和社区治理的切身需求。

项目实施阶段,北京市规划和自然资源委员会通州分局积极推动,联合北京市通州区发展和改革委员会、北京市通州区住房和城乡建设委员会申请专项资金,北苑街道也积极探索引入社会资本,共同为项目实施提供资金支持。

建成运维阶段,社会资本和家物业公司入驻后南仓小区,探索"先尝后买"的方式,按照"保安上岗、保洁上楼、车停有序、人居提升"基础服务标准,为小区居民做好稳固的后方保障。

该项目实现了集政府多个部门、责师、街道、社区、辖区居民和社会企业多方联动的"空间 + 社会"创新治理模式,探索出了"治理先行、资源入驻、以点带面"激发老城活力的新路径。

第八章

城市社区更新规划
的思考与展望

8.1 城市社区更新规划的思考

8.1.1 参与式社区更新规划的内在意义

社区更新最终的核心是居民的幸福感,而幸福感的获得也必将是一个从物理层面到精神层面的过程。社区功能性的完善是基础,审美和文化是一种进阶,而最终目标在于构建一个具有彼此人情关爱和守望相助暖心的人本化精神家园。

邻里之间的良性互动有助于营造更加友善、舒适和安全的社区环境,从而提升居民的幸福感。社区的活力和魅力在很大程度上可以激发个体参与社区公共生活的意愿。社区文体活动、社区儿童交往以及邻里互助,在发展邻里关系方面都起到了重要推动作用。而维系更深层次的邻里互动,需要更多面对面的交流和相处来支撑,正如滕尼斯在《共同体与社会》中提到的那样:"以邻里关系形成的共同体,人们居所毗邻,相互之间大量接触、互相熟知,相较于亲属关系,这种共同体需要寻求固定的集会习惯与各种神圣仪式的支持。"又如扬·盖尔在《交往与空间》中提到的"人及其活动是最能引起人们关注和感兴趣的因素,甚至仅以视听方式感受或接近他人这类轻度的接触形式,也显然要比大多数城市空间和住宅区的其他吸引人的因素更有价值,人们对它们的要求也更为迫切"。因此,从与居民日常生活最休戚相关的社区公共事务着手,打造社区交往平台,促进空间与体验的融合,形成邻里交往可持续性是重塑社区邻里关系的重要手段。

参与式社区更新规划是以社区公共空间环境更新为切入点,以社区居民为主体,通过广泛的参与和协商,共同制订和实施社区更新规划方案的一种模式,是共同营造回归人本幸福家园的重要路径[①]。其作用和意义主要有:①提高规划的针对性:参与式社区更新规划可以更加准确地了解社区居民的需求和诉求,制订更具针对性的规划方案,满足社区居民的实际需要;②提高规划的透明性:参与式社区更新规划可以促进多元主体之间的沟通和合作,实现规划过程的透明化和公开化,增强社区居民对规划的理解和认同;③提高规划的公正性:参与式社区更新规划可以保证社区居

---

① 郑露荞.上海落实"人民城市"理念加强参与式社区规划的思路及对策[J].科学发展,2022(10):90-95.

民的利益得到充分的考虑和保障,促进规划的公正性和合理性;④增强社区的凝聚性:参与式社区更新规划可以促进社区居民之间的交流和合作,增强社区的凝聚力和归属感,提高社区居民的参与意识和责任感;⑤培育社区的共生性:参与式社区更新规划通过建立参与机制、提供技术支持以及建立社区合作伙伴关系等方式促进社区居民的参与和协作,培育社区的内生发展动力,促进社区成为具有共生属性的可持续发展精神家园。

8.1.2　参与式社区更新规划的现实挑战

尽管参与式社区更新规划已成为业界共识性的社区更新规划模式,但相关理论的探讨仍主要停留在理念层面,距离指导实践还存在较大差距。虽然也出现了诸如"美丽家园""缤纷社区"和"社区花园"等参与式社区更新规划形态,但目前较为成功的案例多是试点项目或离不开"明星社区"和"明星团队"的加持[①]。而绝大多数的社区更新规划中的公众参与仍停留在象征性参与阶段,究其原因,主要包括:

一是居民的有效参与不足。由于城市社区治理中的行政逻辑和公益逻辑,老旧社区在以往的更新治理实践中过度依赖政府推动,居民参与社区治理的社区文化培育不足并且社区参与的制度建设不够完善。在这种情况下,居民往往更愿意做旁观者,缺乏参与社区事务的热情,总体参与率并不高。参与人员以中老年人和退休居民为主,在职在岗人员参与较少,参与群体分布不均衡。参与的形式以被动式和动员式为主,居民多是在社区工作人员动员下对规划方案进行投票表决,真正主动的自发性质的参与仍然相对较少。

二是社区组织发展不平衡。我国城市社区内组织具有一定的繁杂性,既包括居委会、业委会和物业企业,又包括社区事务协调会、社区共建会以及社区服务工作站等,还包括政府部门在社区挂牌的各类机构。在实际工作中,社区居委会仍是当前真正履行社区公共事务治理和服务职能的主体,其他组织要么职能与居委会重叠、要么力量和资源较薄弱,有的则是流于形式。居委会既是社区居民的利益代表,又要履行街道或政府其他职能部门所分派的任务,但因行政惯性,往往优先保障政府委派工作的实施,从而使其实际功能与社区自治性质相背离。社区组织的行政化现状禁锢了社区治理理念在实践发展过程中的创新。

三是社区规划师力量不足。首先,参与式社区更新规划的组织工作需

---

①　郭紫薇.社区治理解析框架及其规划路径——基于"制度—生活"分析范式[J].城市规划,2021,45(1):54-61.

要社区规划师具备良好的沟通协调能力、项目管理能力以及灵活创新能力,对社区规划师的考验较大。其次,参与过程的复杂性、时间的持久性和结果的不确定性常使社区规划师感到压力。最后,社区规划师在组织参与式规划中付出的大量隐形成本,其中隐含的公益动力也并非具有普遍性。

8.1.3 参与式社区更新规划的成功关键

针对参与式社区更新规划在实施过程中遇到的诸多困难和挑战,一方面本书系统研究相关理论,另一方面结合笔者多年实践经验,从治理模式、参与程序、技术方法和运维机制等方面对参与式社区更新规划的方法进行探索,并选取了三个典型案例进行具体参与式更新规划过程的总结。结合本书的理论和实践,笔者认为参与式社区更新规划得以成功的关键包括以下几点:

一是构建合作互动的治理模式。社会空间异质化、利益主体多元化和日常生活流变化使传统自上而下、科层式管理方式无法适用于社区更新中纷繁复杂的利益关系处理[①]。社区更新规划的实质是将物理空间与社会空间相结合,以物理空间更新为基础实现社会空间的建构。基于合作治理理念的参与式社区更新规划,通过重构多元主体的合作关系、搭建对话协商平台以及优化合作治理运行机制,充分利用各方利益相关者的资源和优势,政府适度赋权,社区规划师团队全面梳理社区资源和全程跟踪民需,促进社区资本盘活和运营社区存量资源,通过居民认同参与,建立起多元主体间良性互动关系,在高度异质性、原子化和流动性的现代社区中构建协同治理、社会调节和居民自治良性互动的"社区治理共同体"。本书案例中上海市静安区彭浦镇"三会一代理"和"1+5+X"参与平台、沪太支路615弄"1+6"沟通会商平台以及北京通州后南仓小区参与式设计工作坊均是有效的合作式治理模式。

二是设计公正合理的参与程序。规划师在社区更新规划中并不具有直接赋予居民权力的权限,主要靠设计"正义"的程序来激发多元主体参与意识和能力,从而使居民行使自己的权利。本书中提到的社区议事会、"开放空间"技术和社区行动工作坊等典型议事工具可以作为参与程序的有益参考。本书三个案例中,上海市静安区永和二村美丽家园项目主要借鉴了社区议事会形式,沪太支路615弄路段更新规划设计主要借鉴了"开放空间"技术,北京通州后南仓小区社区更新主要借鉴了社区行动工作坊方式。

① 郑露荞.上海落实"人民城市"理念加强参与式社区规划的思路及对策[J].科学发展,2022(10):90-95.

实际项目中,社区规划师可根据社区具体情况,因地制宜地借鉴合适的工具,以公正合理为原则设计更加灵活的居民参与程序。

三是重构协作共生的公共领域。现代文明带来的社会分工和人口流动形成了"原子化"的社会,本应建立在社区公共空间上的公共生活日渐式微。如何在现代社区通过"类共同体"的构建形成一定的社会链接①,重构和强化社区公共领域,是参与式社区更新规划的主要目标之一。回顾所有成功的参与式社区更新规划实践,尽管它们的规划内容和方式各不相同,但都依托公共空间的建设和改造引导居民共同参与社区公共事务,重构或强化了社区公共领域,激活了社区的内生动力。本书案例中上海静安"美丽家园·我心中的社区"书画创作活动、北京通州后南仓小区"共绘家园活动"和"廊架征名活动"等均是以社区公共事务链接居民的初步尝试。在规划师退出社区后,参与式过程中重塑的空间资源以及挖掘的组织资源、人力资源和智力资源是否能支持社区持续的共生成长,有待继续探索。

8.2 城市社区更新规划的展望

近年来,人民城市已成为城市建设的核心理念,也是城市发展的根本出发点和归宿,其核心要素包括三个方面:一是满足人民的需要,二是需要有更多的人参与,三是促进社会体系的完善。参与式社区更新规划,以社区空间再生产为主要手段,以形成多元主体的共识为主要目标,通过促进多元主体参与,推进社区治理形态更新,实现空间资源、社会资源、社会关系、公共事务和价值理念等在社区时空系统中的重构,促进社区的永续发展,是在社区层面践行人民城市理念的规划探索。基于理论剖析和自身实践,笔者认为,空间链接、关系重构和制度创新是当前和未来参与式社区更新规划的核心要义。物理空间和社会空间是紧密相关的,功能的完备、环境的美化、精神的归属和社会的共生是一个有机的体系。

1. 以空间设计链接邻里关系

比设计空间更重要的,是连接人与人之间的关系②,社区更新规划要着力从空间设计向关系设计转变。运用设计思维和方法,从功能、美学和社

---

① 郑露荞.上海落实"人民城市"理念加强参与式社区规划的思路及对策[J].科学发展,2022(10):90-95.

② 山崎亮.社区设计[M].胡珊,译.北京:北京科学技术出版社,2019.

会等方面系统协调社区中人与人、人与空间的关系,在物质空间系统修复、整体风貌景观优化和社区生活场景营造等过程中重新链接社区成员。如引入具有公共审美、传递社区文化、创新性和年轻化的艺术表达方式,吸引多元社群尤其是年轻群体的参与,通过共同创造在地性的艺术作品等方式,赋予社区空间"场所精神",留下共同参与的社区记忆,提高社区活力和凝聚力。又如通过社区花园、社区集市和共享设施等生活场景的营造,促进社区居民之间的交流和互动,增强邻里之间的联系和感情。再如,借鉴"瞭望—庇护"理论和边界效应等环境行为学理论,营造半公共、半私密和弱联系的休憩场所,为居民间的交往提供契机。

2. 以多元协同建立良性互动

居民、社区组织、外部资源和政府等多元主体的良性互动是社区治理共同体构建、社区能力建设和社区价值积累增长的基础。首先是对居民赋权赋能,充分挖掘社区资源和社区能人,鼓励居民参与社区事务,提升居民主体意识,激发社区内生动力;其次是孵化专业化在地社会组织,深耕社区培力赋能,探索自我造血的属地化运作机制;最后是链接外驱力,引入社区规划师团队、社会资本和专业智囊团,为社区提供专业支持和知识赋能。当然,政府提供支持始终是关键要素,为各专业团队提供介入社区的有效方式,通过组织引导、购买服务以及放权让权等方式使社区真正走上自我管理、自我监督和自我发展的共治自治之路。

3. 以双向优化创新规划机制

在社区更新中需要推动形成自上而下与自下而上双向结合的规划行动机制。首先,应建立一套行之有效的通过社区规划师促发社区共治自治的参与式规划运行机制,为参与式规划提供规范化的治理秩序,包括参与机制、沟通机制、决策机制和监督评估机制等,形成连贯的机制保障,使公众参与过程成为主体协商、凝聚共识、共同实践的闭环治理过程[1]。其次,应鼓励社区自发形成的制度创新探索,适当调整和规范不同参与主体的权责边界,实现共同参与、均衡博弈的规划过程[2]。此外,应为社会资本参与提供制度保障,鼓励社区存量闲置或低效使用的空间资源再利用,为社区未来发展探索功能置换的可能性[3]。

参与式社区更新规划是一个持续的探索过程,公众的参与意识形成也

---

[1] 郑露荞.上海落实"人民城市"理念加强参与式社区规划的思路及对策[J].科学发展,2022(10):90-95.

[2] 郭紫薇.社区治理解析框架及其规划路径——基于"制度—生活"分析范式[J].城市规划,2021,45(1):54-61.

[3] 黄瓴,牟燕川,彭祥宇.新发展阶段社区规划的时代认知、核心要义与实施路径[J].规划师,2020,36(20):5-10.

不是一蹴而就的,物质基础与社区建构本身就是一个动态演进的过程。尽管参与式社区更新规划实践过程中充满困难和挑战,但坚持规划的过程正义和结果正义是实现人民对美好生活向往的应有之义,也是存量规划必须不断探索的时代议题。在参与式社区规划过程中,社区规划师应把人文关怀和工匠精神注入人本环境的构建之中。通过多元主体活化利用社区公共空间、基础设施和自然环境等空间资源,充分挖掘社区能人、社区组织等社区资源,链接社会资本,借助参与式规划过程进行空间营造和邻里重塑,形成凝聚社区成员共识所建设的社区公共空间,营造出具有主体意识和发展能力的社区共同体。居民从参与式社区规划中获得归属感、幸福感和责任感,因此更愿意走出家门,共同参与到社区事务中,使得原子化的邻里关系聚合成持久的"生活交往共同体",最终推动社区的全面可持续发展。

后 记

　　社区更新的根本目的是以人为中心。虽然物理空间的美化与优化可以带来居民的获得感和幸福感，然而更为重要的是我们能够借以物理空间更新这一手段，发现社区价值要素，培育并促进社区共同体的形成，进而推动社区的共治自治和可持续发展。

　　社区是城乡规划学科实践的重要领域，也是一个有待制度创新的探索议题。近年来，我国许多城市开展了诸多社区更新实践活动，然而这些实践普遍存在重空间营造、轻社区治理的问题，往往以物质需求为目标导向，缺乏对社区规划的制度性探讨。在北京、上海、深圳和成都等重点城市，一些参与式更新规划项目的试点项目取得了较好的效果，这些项目不仅推动了城市面貌的改善，还增强了社区居民的参与感和归属感。尽管参与式社区更新规划已逐渐成为业界共识，但相关理论的探讨仍主要停留在理念层面，距离指导实践还存在较大差距。此外，由于社会和经济的复杂性，我国社区发展不平衡，不同社区自下而上的力量发育也存在差异，如何因地制宜地制定参与式规划程序也是规划师在实践过程中经常遇到的困难和挑战。

　　从 2015 年起，笔者团队参与了上海、北京等地的 30 余个社区更新实践项目，从开始的上海市静安区"美丽家园"更新建设中参与式规划工作机制的初代探索，到作为上海市杨浦区江浦路街道社区规划师和北京市通州城市副中心 04 组团的责任规划师团队的伴随式社区更新规划服务，团队多年深耕社区，持续探索了不同类型、尺度和治理水平的社区参与式更新规划路径，其中不乏成功经验和不足反思。适逢笔者主持的国家自然科学基金面上项目结题，其主要内容正是关于城市老旧社区更新方面的研究，因此借此书对参与式更新规划的理论和实践进行梳理，从参与式更新规划的治理模式、参与程序、技术方法和运维机制等方面对参与式社区更新规划的方法进行探讨，并选取了笔者主持的三个典型案例进行具体的参与式更新规划过程分析总结，希望能对关心城市社区更新事业的读者提供借鉴，也为社区规划促进社区治理的机制完善贡献一份力量。

　　本书的出版得益于国家自然科学基金面上项目"创新社会治理格局下

城市老旧社区更新的机制、模式与规划技术研究——以上海为例"(项目批准号:51878455)的资助支持。感谢同济大学建筑与城市规划学院吴志强院士、赵蔚副教授和政治与国际关系学院张俊副教授给予的学术指导。在本书统稿过程中,上海同济城市规划设计研究院有限公司的陈君、刘文波、徐梦洁、叶沁妍、徐进、黄玥和孙洋洋等参与了正文各章节相关内容的梳理、研究和插图整理工作,陆勇峰、奚婷霞、朱婷和高嘉等参与了各项案例资料的整理工作,同济大学出版社编辑老师们对本书的编撰给予了大力支持,在此一并表示感谢。在此,还要特别向支持社区更新的时任上海市规划与自然资源局详细规划管理处处长伍攀峰、时任北京市规划自然资源委员会通州分局党组书记郭宝峰、时任上海市静安区住房保障和房屋管理局副局长姜鹤、上海市杨浦区规划和自然资源局副局长成元一、上海市杨浦区江浦路街道办事处主任蒋勤和北京市通州区北苑街道工委书记成前锋等,以及热情参与我们社区规划和研究工作的所有居民朋友们表示感谢!

　　我国城市进入存量化、内涵化和高质量发展阶段,城市社区更新实践和研究只有"进行时",没有"完成时"。面向未来城市的可持续发展需求,我们亟需不断探索与创新。本书是笔者基于社区更新规划实践和研究的阶段性成果的思考,不免存在诸多不足之处,其中的观点和理念也有待更长时间和实践的检验、修正和完善。愿以此书抛砖引玉,激发更多关于社区更新的讨论与思考,同时也希望以本书为纽带,引发更多的同仁在此领域进行更为深入的研究和实践。

2024 年 7 月

作者简介

匡晓明,上海同济城市规划设计研究院有限公司城市设计研究院总规划师、城市设计研究院院长、城市空间与生态规划研究中心主任。兼任中国城市规划学会城市设计学术委员会委员、中国城市科学研究会总规划师专业委员会委员、中国建筑学会城市街区建设与空间治理专业委员会常务委员、上海城市规划学会城市设计专委会副主任委员等。

担任四川天府新区总规划师、济南新旧动能转换起步区示范区总规划师、北京通州城市副中心04组团责任规划师、上海金桥城市副中心总规划师等。

研究领域:城市设计与空间管控、城市更新与社区治理、详细规划与开发控制。

主持国家自然科学基金面上项目"创新社会治理格局下城市老旧社区更新的机制、模式与规划技术研究——以上海为例"和"城市更新中公共产品配建的激励方式和额度测算研究",主持上海市决策咨询课题"上海城市更新面临的难点及对策研究"等城市更新领域课题。近年来获得国家和省部级优秀规划设计奖项近50项。主持国家、省部级和地方各类课题10余项,在国内外核心期刊发表论文40余篇。